世界でいちばん私がカワイイ

ブリアナ・ギガンテ

はじめに

本を滅多に読まないわたくしが、本を出させていただくなんて、おこがましいにもほどってモノがある。え、本気なの？

なんて思いは少なからずございますが、わたくしが普段、このシワの少ないツルツルな脳みそでなんとなく考えていることが、少しでもみなさんのお役に立てるのであれば、おこがましいとか言ってることのほうがおこがましいような気もして、出させていただきます、こちら、わたくしの人生で初めての本。

タイトルは『世界でいちばん私がカワイイ』。

まあなんて、ストレイト。大胆なわたくし。

でもこれ、わたくしブリアナ・ギガンテの本心。

恵まれたこの容姿、繊細で優しい心に少しばかりの筋力……（照）

それは世界中のどこを見渡しても、わたくしにだけ与えられた特別なギフトです。

わたくしのことに限りません。あなたにも、思ってほしいのです。

「私がいちばんカワイイ」と。

誰かと比べる必要なんてまったくなく、わたくしは世界でいちばんカワイイ。これは一つの真理であり、揺るぎないものだと思っています。

わたくしのいちばんの味方はわたくし自身。わたくしが自分を世界でいちばんカワイイと思って、一体、何がいけないのでしょう。あなたをいちばん分かっているのはあなたであり、あなたの味方をあなたがしなくてどうしましょう。そんな思いもございます。

だからと言って、わたくしがカワイイくあるためになんの努力もしていないかというと、そうでもありません。天然の魅力に甘えてばかりでなく、今日よりは明日、明日よりは明後日のほうがもっとカワイイくなりたいと願いつつ、あんなことやこんなことを実践しております。

もしかしたら、そうやってもっともっとカワイイくなりたい、魅力的になりたい、そんなふうに考え、試行錯誤し続けていることが、わたくしたちの魅力を高めているのかもしれませんね（わたくしがいちばんカワイイけどね。ごめんけど）。

この本ではわたくしが、いつもカワイイくあるために具体的にどんなことをしているのか、どんなことを考えているのかを詳しくお伝えさせていただいております。

お化粧の仕方やお肌のお手入れ、お洋服選びなど、外見に関わることもあれば、人様に対してどんな言葉遣いや振る舞いをしているのか、なんてことも。
　わたくしが自身をいつでもカワイイと肯定して生きていきたいが故に構築された、メンタル面のお話なんかも、あらあらちょっと暑苦しいかしらと不安になりながら、精一杯書かせていただきました。夜ふかしもしちゃったよ。やだね。

　あとは……そうね、そんなことを言っているわたくしがなぜこのような人間になったのかということも、チラリとくらいならお話ししても良いかしらと思い、「ブリアナ物語」も併せて書かせていただきました。わたくしの比較的赤裸々な過去にもご興味のある方はどうぞ（ものゴツくエグい話は割愛《かつあい》しちゃった。なんとなく、ね）。

　んがしかし、この本を読んでいただければ、わたくしが『世界でいちばん私がカワイイ』のは、まあ当然よね、そう思っていただけるんじゃないでしょうか。
　そして、この本を読んで『世界でいちばん私がカワイイ』、そう言い切れるような方がほんの少しでも増えてくださったら、お目々シパシパさせながら書いた甲斐があるかなって、思うの。

この本で言いたいことはいろいろあるんだけど、感じたままを思っていただけたら正解かなって、わたくしそう考えております。

そいじゃ、そろそろ参ろうか。水分取るの忘れないでね。どうぞ最後まで、お付き合いくださいませ。

目次

CHAPTER 2

恋する毎日を続けましょう
――Briana Days

CHAPTER 3

心を軽くして、あなた自身を守りましょう
——Briana Balance

世界でいちばん私がカワイイ

ブリアナ物語1

お母さんは誰なの？

むかしむかし、いやそんなにはむかしではないあるところに、とってもかわいい、珠《たま》のような子どもがいました。名前はブリアナ・ギガンテ。みんなからはブリちゃんと呼ばれていました。

ちょっとぽっちゃりした身体と、人見知りで引っ込み思案な性格。そのおかげでブリちゃんは学校でいじめにあっていました。

それでも、パパ・ギガンテとママ・ギガンテ、オトウト・ギガンテと4人で子どもらしい日々を送っていたのです。

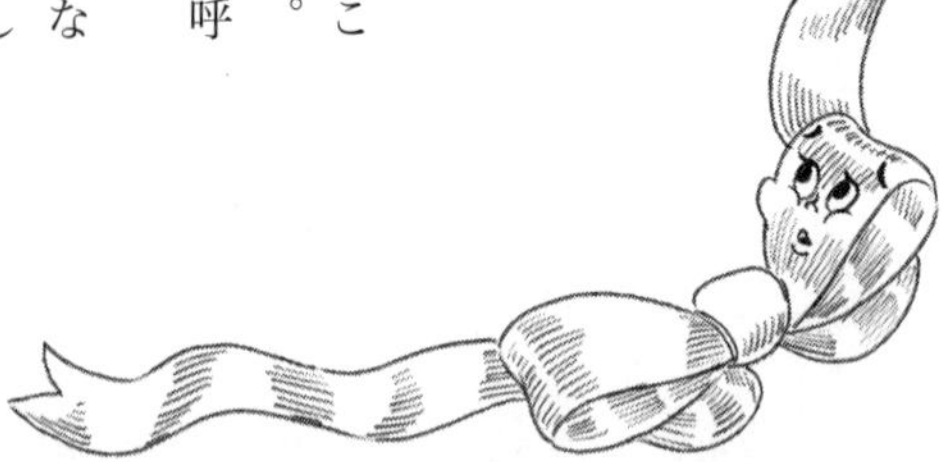

パパ・ギガンテは、今住んでいる国とは違う、とある国の家系に生まれた人で、頭よりは身体を使うのが得意な人でした。怒るとすごく怖くなる時はありましたが、ブリちゃんのことを愛してくれていました。

ママ・ギガンテは、パパ・ギガンテと結婚するために、パパ・ギガンテの国からやってきた人で、慣れない言葉と知らない人たちの中で、小さな子どもたちを育てるために頑張っていました。

パパ・ギガンテもママ・ギガンテも気性の激しい性格で、二人はよくケンカをしていました。時にはジージ・ギガンテとバーバ・ギガンテを巻き込んでの激しいケンカになりました。

ブリちゃんにできるのは、それをジッと見ていること、ケンカが早く終わって二人が仲良しに戻ることを祈ることだけでした。

それがいつからだったのかは誰にも分からないのですが、ママ・ギガンテはブリちゃんのことを叩《たた》いたり、つね

ったりするようになりました。

ブリちゃんは最初、自分がいけないことをしてしまったから怒られているんだと思って、ジッと我慢しました。でもブリちゃんが何もしていない時にも、ママ・ギガンテは叩いたり、つねったりするようになりました。

小さかったブリちゃんは、ただ痛い、悲しいと思うだけで、子どもはみんなそうされるものだと思って過ごしていました。

ある日、このことに気づいたジージ・ギガンテとバーバ・ギガンテが怒り出しました。

「ブリちゃんをこんな家には置いておけない。自分たちの家で育てる」

そうしてブリちゃん一人だけが、お引っ越しをすることになりました。家族と離れるのは寂しかったのですが、ブリちゃんにはどうすることもできません。

ジージ・ギガンテとバーバ・ギガンテは、たまーにしかケン

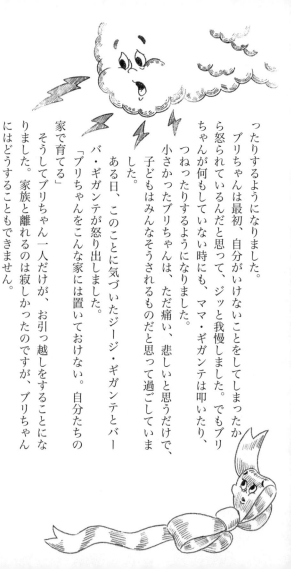

カをしませんでしたが、一緒に暮らす双子の娘たちはヒステリックで、おうちの中でよくケンカをしていました。でも二人ともブリちゃんのことをとってもかわいがってくれて、美味《おい》しいものをたくさん食べさせてくれました。

ジージ・ギガンテ、バーバ・ギガンテ、双子の娘たちも大変な働き者だったので、ブリちゃんに何不自由のない暮らしをさせることができたのです。

ブリちゃんがお引っ越しをしてしばらくしたある夏の日、パパ・ギガンテがブリちゃんをお祭りに誘ってくれました。

ブリちゃんは久しぶりにパパ・ギガンテに会えたこと、お祭りで綿アメやオモチャを買ってもらえたのが嬉しくて、とってもはしゃいでいました。

パパ・ギガンテはお守りも買ってくれました。

ブリちゃんがもらったお守りには「学業成就」と書いてありました。

「勉強、頑張れな」

そう言ったパパ・ギガンテの手には、もう一つお守りが握られていました。

そこには「安産祈願」という文字がありました。

ブリちゃんはそれが、無事に赤ちゃんが生まれますように、というお守りだと知っていました。だからパパ・ギガンテにこう尋ねたのです。

「ママ・ギガンテに赤ちゃんが生まれるの？」

自分に新しく弟か妹ができると喜んだのです。

パパ・ギガンテの口からは、ブリちゃんが考えもしなかった言葉が飛び出しました。

「ママ・ギガンテではない別の女の人の子どもなんだ。パパ・ギガンテとママ・ギガンテはお別れすることになったんだ。そ

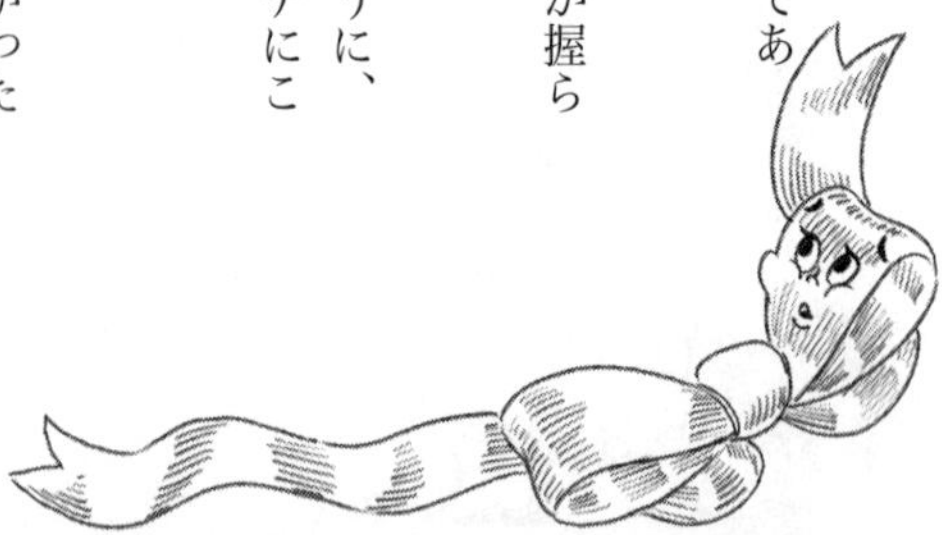

れとね、ママ・ギガンテはブリちゃんの本当のお母さんではなかったんだ」

ブリちゃんは訳が分からなくなりました。

今までずっとお母さんだと思っていたママ・ギガンテは、自分の本当のお母さんではなかった。そんなことはすぐには信じられません。

そしてパパ・ギガンテにはママ・ギガンテ以外に、好きな人がいるのです。

ブリちゃんの本当のお母さんはパパ・ギガンテが好きな人ともまた違う人で、ブリちゃんが見たことも聞いたこともない人だというのです。

ブリちゃんはただ泣き喚《わめ》きました。ジージ・ギガンテやバーバ・ギガンテにもどうすることもできないほどに暴れました。

悲しくて、寂しくて、苦しくて、自分がバラバラになってしまうようでした。

その日からブリちゃんの中で何かが変わってしまったのです。

一生懸命勉強してジージ・ギガンテやバーバ・ギガンテを喜ばせようという気持ちはなくなりました。学校のテストも白紙のまま出してしまうようになりました。先生の言い付けを守ることもできなくなりました。

生きていても楽しくなくなってしまったのです。

パパ・ギガンテのことも、ママ・ギガンテのことももう好きだとは思えませんでした。今度パパ・ギガンテの子どもを産むという女の人のことは、大嫌いだと思いました。

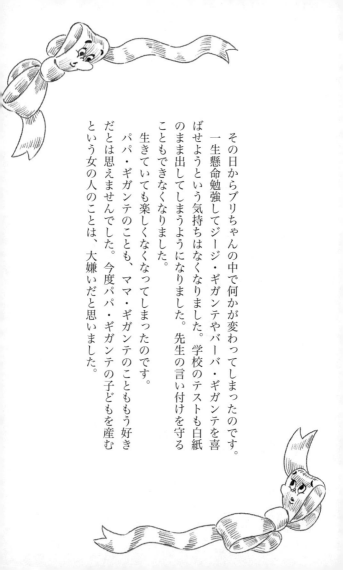

CHAPTER 1

「美しい」を知って、かわいくなりましょう
― Briana Style

1 メイクは武器であり、盾でもあります

「ブリちゃんのメイクって、どうしてそんなにかわいいんですか？」

そういったご質問？　お褒《ほ》めの言葉？　よくいただいております。ありがとうございます。

わたくしにとって、メイクというものはとても大事なものだと考えておりますので、それが伝わっているのかなと嬉しく思います。さっそく2回目の「ありがとうございます」を申し上げます。

わたくし、普段から人前に出たり、人とコミュニケーションを取ることがすごく苦手。必要なこと以外は、ほとんどしゃべりません。おうちの中でボーッとしたり、ゲームをし

たりしている時間が大好きで、そもそもあんまりおしゃべりする必要もないのですけれども。

カメラの前に立つ時もできるだけナチュラルな気持ちでいたいと思っておりまして、「おっしゃあ！」みたいな感じで気合いを入れて、自分の中のスイッチを押すなんてこともございません。

ただね。メイクはいつもよりもちょっと入念に。そこだけは気をつけております。

わたくしにとって、メイクは武器であり、盾《たて》。

このメイクでわたくしの魅力を最大限に引き出せているという自信が、みなさまがご覧になっているブリアナを支えております。

以前、とあるテレビ番組からお声がけいただき、遊園地で遊ぶという企画に出演させていただきました。

繰り返しになりますが、わたくしは人前に出ることが苦手なので、テレビの方からオファーをいただいても、なかなかお受けできなかったりもするのですが、その時は担当してくださったディレクターさんが、とってもわたくしのことを理解してくださっているとお聞きしていたので、勇気を出して出演させていただくことにいたしました。

いい方とはいえ、テレビのディレクターさんなので、〝テレビ的に〟みたいなことは当然お考えになるんですよね。事前の打ち合わせではこう言われたんです。

「プールのアトラクションで遊んでいるところを撮りたいんですが」

このわたくしがプールに入っているセクシーな姿を、世の男性たちが見たいと思う気持ち、痛いほどよく分かります。でも、プールに入ったら、わたくしの大事なメイクが崩れてしまいます。ディレクターさんにもそうお伝えいたしました。

そうしたらディレクターさん、こうおっしゃったんです。

「ちょっとメイクが崩れたりするのも面白いかなと」

それに対して、わたくし、はっきりと申し上げました。

「何も、面白くないです」

ディレクターさんはわたくしが嫌がることを無理してやらせるような方ではなかったので、お話し合いの上、水上コースターに乗っているところを撮影していただくことになりました。

こちらの要望を聞いていただけたので、わたくしも1回目に乗った時は、「きゃあ〜!」「いや〜!」なんていう分かりやすいリアクションに努めたんです。実際に水もかかるし、ものすごい数の蚊にたかられるしで、「きゃあ〜!」だったんですけど。

それなのに、なんとカメラが回っていなくて、もう一度乗ることになってしまった。

正直、全身を蚊に刺されていて、もう乗りたくないと思っておりましたので、「次はノーリアクションになります」と宣言しました……からの2回目、真顔のまま無言で我慢している様子が、結局は世の中に放送されることになったというわけです。

いやだ、ちょっと話が逸《そ》れてしまった。ごめんなさい。

わたくしにとって、メイクは武器であり盾。

世の中の女性にも（もちろん女性に限らずですが）、メイクをそう捉えていらっしゃる方、少なくないと存じます。

一方で、なんとなくファンデーションを塗って、なんとなくアイラインやマスカラを施して、なんとなく口紅を塗って、という方もいらっしゃいます。

それはそれでその方がお考えになることなので、わたくしが何か申し上げる必要はございませんが、個人的にはちょっともったいないとも思ってしまいます。

だって、武器ですし、盾ですもの。

人見知りでコミュニケーションが得意じゃない、このか弱い心を持つわたくしに自信をもたらしてくれたり、盾としてガードしてくれたりするメイクは、ただの〝外見の話〟だけではありません。

せっかくなら武器や盾は、有効に使いたいものです。

誰のためでもなく、自身のために。

あ、ノーメイクが一番チャーミングでいられると思っている方とか（ラッキーだったのね）、そもそもメイクに興味のない方は、テキトウなところまで飛ばしてどうぞ。

2 弱点だと思っているポイントを活かしてメイクできたら、あなたはもっと素敵になれる

メイクのお話、もう少し続けさせていただきますね。

わたくしのメイクを真似してくださって、SNSに投稿してくださる方もいらして、とっても嬉しく思っています。どんな方をも魅力的に見せる、わたくしのメイク、少しでもみなさまのお役に立てましたら幸いです。男性のみなさまの心を浮き立たせてしまう女性が増えるというのは、世の中にとっても結構なことなんじゃないかと思う次第です。

「どうしてそのメイクにたどり着いたの？」

こういうご質問も数多くいただいております。

それには、わたくしの個人的な事情なんかもございまして、すべてを申し上げるのは憚《はばか》

られるのですが、とっても簡潔にお伝えしますと、このメイクがわたくしという人間の魅力を最大限に引き出してくれるものだと分かったからです。

わたくしのたくましい眉《まゆ》、つぶらな瞳、それなりの存在感を放つお鼻、あっさりめの唇。それらをどのように強調したり、補ったりすれば良いのかを自分なりに試行錯誤した結果として、現在のようなメイクにたどり着いた、そうご理解いただくのがよろしいかと存じます。

わたくしの顔にも、コンプレックスや弱点と言えるところはございます。それらを隠したり、修正したりして、全体を良く見せようとする方法もありますし、それをまったくしていないというわけではないのですが、わたくしの場合、**どちらかと言うと弱点を活かすメイク**というのを心がけております。

なぜならそれは、わたくしがそういうメイクをしてらっしゃる方にずっとずっと憧れ続けているからです。

街に出れば、いろんなメイクを施した方たちに出会うことができます。

デパートで働く美容部員さん、洋服屋さんの店員さんなどには、やっぱり美意識の高い女性が多くて、彼女たちのメイクにハッとすることは少なくありません。

わたくしはキレイな女性を見ることは大好きですので（もちろん男性も！）、そういう機会をいただくと心が浮き立つような気持ちになるのです。こんな気持ちにさせてくださってありがとうございます、とまで言いたくなるほどに。

最近のことで申しますと、パートナーとのデート中に立ち寄ったアクセサリーショップで、とってもわたくし好みのメイクをなさっている、美しい女性をお見かけしました。

その方は、お目々が一重《ひとえ》でいらして、本来であればそれほどはっきりしたお顔立ちではないのかもしれません。マスクを着けてらっしゃったので、全体は分からないわけですが、どちらかと言うと薄めの印象のお顔立ちでいらっしゃるのかなと。

でもその方のお目々の見せ方が、もうね、ものごっつい素敵だったのです。

一重なのにあえてアイラインは一切引かずに、薄付きのアイシャドウにバッチバチのまつ毛エクステ。その目が放つ印象がトータルとして素晴らしくて、一瞬で心を摑《つか》まれてしまいました。

お店を出た瞬間にパートナーと顔を見合わせて、「今の店員さん見た？」「すごくキレイだったよね」と二人で興奮したくらい。

わたくしたちをこんな気持ちにさせてくださってありがとうございます。お姉さん、本当に素敵でござる。と心の中でパチパチと拍手をお送りいたしました。

直接お話ししたわけではないので、あくまで想像に過ぎないのですが、もしかしたらその店員さんは、ご自身の一重の目にコンプレックスを抱いていた時期もあったのかもしれません。でも今、あのメイクをなさっているということは、その目の特徴を活かして、自分の顔を美しく見せることができるのだと気づいていてらっしゃる。それは間違いありません。そうでなければ、あんなに素敵になるはずはない。

そこに至るまでは、様々な過程や試行錯誤があったはず、とこれもまた勝手に想像してしまいます。あの美しい店員さんはどこかのタイミングで、自分の顔を直視して、そのまま受け入れて、持って生まれたものを最大限活かすための方法を模索なさったのです。**ウィークポイントと感じていたところを、プラスに転じる方法を見つけることができた**のだと思います。素晴らしいことです。

自分の顔のパーツのすべてが好き、気に入っているという方には何も申し上げることなどございませんが、世の多くの方は、目は好きだけど鼻はもうちょっと高いほうが良かったとか、口の形がこうだったらもっとキレイに見えるのに……なんて思っていらっしゃるんじゃないかと存じます。

自分の顔を理想に近づけるために整形なさる方もいらして、わたくしはそれも手段としてとてもよろしいことだと考えております。この部分を整形すればもっと良くなると気づいて、それなりのお金を払って行動するという方には尊敬の念も抱いております。

一番、もったいないなと感じてしまいますのは、自分は「ブス」だと決めつけて諦《あきら》めてしまって、何もなさろうとしない方。弱点を弱点のまま放置して、そこから目を背《そむ》けてしまっている方です。

だって、**お顔というのは、この世の中にたった一人しかいないあなたの、たった一つしかない大切なもの。**

それがどんなものであるか、勇気を持ってまっすぐに見つめて、まずは受け入れる。弱点も含めて、そこにどんな可能性があるのかを考えて、試行錯誤をしていく。そういう行為によって育《はぐく》まれる**精神的な自信も含めて、美しさというものがある**ように思っております。

他の方のことは本当の意味では分かりませんけれども、わたくし、ブリアナ・ギガンテのメイクは、そんなことの上に出来上がっているものなのです。

わたくしもまだまだ勉強中でございます。

3 オシャレになるには、真似して真似して真似することよ

「できればオシャレでいたい」という欲求は、老若男女問わず、みんなが持っているものだと存じます。

ただそれが上手にできている人とできていない人がいる。いや、もう少しちゃんと考えて申しますと、できていると自信を持てている人と、持てていない人がいるようです。

「ブリちゃんみたいにオシャレになるにはどうしたらいいですか？」

そんな質問をいただくこともございまして、拙《つたな》いながらもわたくしなりに考えたのですが、要は自分に似合っているお洋服を、自信を持って着てらっしゃる方がオシャレなのではないでしょうか。

オシャレなお洋服というのがどんなものなのか、どこで売っているかは、まったく関係ないとまでは申しませんが、これだけの選択肢がある日本においてはどうとでもなることのような気がしております。

「ファッションセンスが欲しい」

そんな声もいろんなところから聞こえてまいります。

だけれどわたくしは、センスを磨こうという意識で、お洋服について考えたことはほとんどございません。

あくまでわたくしの場合は、ということになりますが、自分が素敵だなと思う方の真似をする、真似をしたくなるという傾向がございます。それを実践してきた結果として、今のファッションにたどり着いたように思っております。

わたくし、インスタグラムなんかで、他の方のファッションをかなりの数、拝見しております。憧れている海外のアーティストさんとか、お洋服が好きと感じるインスタグラマーさんなんかの投稿は、過去までずーっと遡《さかのぼ》っていって、ああこんなお洋服も素敵！　とか、こんなコーディネートもあるのね！　なんて一人で盛り上がったりして。

ファッション以外の入り口もございまして、たとえばこの方のお部屋の写真は素敵ね、こんな植物の飾り方真似したいわ、と思う投稿を見つけたら、その方の他の投稿もどんどんチェック。そんな方のお洋服とか、バッグや帽子などの小物とかを見つけたりすると、やっぱりわたくしの好みと重なることが多くて、真似してみたいなと思うのです。

そういう記憶が知らない間にどんどん積み重なっていって、ブリアナ・ギガンテのファッションへの感覚みたいなものが自然と出来上がっていっているのかもしれません。あくまで「自然と」ですので、「感覚を磨きたい」「研《と》ぎ澄ませたい」みたいな意識はございません。**好きなものを見るのが好き、ただそれだけ**と言えばそれだけのことです。

とここまで考えて、もう一つ、ほとんど無意識のうちにやっていることがあると気がつきました。

わたくし、よく**〝比べる〟**ということをいたします。

たとえばのお話としては、全身にタトゥーが入っている男性がものすごくシンプルなお洋服を着ていらして、髪もキチンと分けてセットしてらっしゃる。かっこいいわあ、と思います。

その流れで、同じく全身タトゥーの方の写真をどんどん閲覧していって、今度はお洋服が上下派手な柄モノという方の写真を見つけます。うーん、この方よりは、さっきのシンプルなお洋服の方のほうがわたくしは好きね、なんて思うわけです。

そしてどうしてそんなふうに感じるのかしら、やっぱりこれってバランスなのかしら？

なんてことを自分で少しだけ考えてから、素敵だと思った方のことが記憶に残る。

こんなふうに、**自分にとって好ましい方だけを記憶に残すということを日常的に繰り返すことで、わたくしの感覚というのは形作られている、**そんな部分もある気がいたします。

今はスマホでありとあらゆることが調べられます。だから真似することも、比べることも、その気さえあればとっても簡単。

オシャレになりたいとおっしゃる方は、まず自分がオシャレだと思う芸能人をググって、写真をたくさんご覧になればよいかと存じます。そして真似をする。**ひたすら真似、真似、真似。**まずはそれでよいのではないでしょうか。

そのうちにきっとお気づきになると思います。

オシャレなお洋服を着ている人がオシャレなのではなくて、その人が自分に似合っているものを着ているから、自信を持ってそれを着ているから、オシャレなのだと。

あら、ちょっと偉そうかしら。あくまで、わたくし自身がそうだったということにとどめるべきですね。

ここいらで、わたくしの話に戻ります。わたくしには好きな色というのがございまして、ピンク、イエロー、そして青みがかったグリーン。この3色は昔から大好きで、自身が描く絵にも自然と必ずどれか一つは使われているというような感じ。

ゆえに今、わたくしが着るお洋服にも3色のうちのどれかしらは必ず取り入れられています。そうしようと思ってしているわけではなくて、そうするとテンションがブチアガるから。

ただし、どの色を自分のどこに取り入れるのか、わたくしのこのお顔やこのボディが最も引き立つのはどれか、試し続けてきたように思います。試しては、周りの反応や、自身のテンションを見て、また試して。まさに試行錯誤です。

試着室で見た時は似合っていると思ったのに、家に帰って着て鏡を見たら、あらいやだ、なんか違うじゃない、なんてこともよくありました。

ファストファッションのおかげで、それほどお金をかけずとも試すことができたので、本当にいろいろと試してまいりました。そうやってようやく、わたくしなりの感覚というようなものを身につけられたという部分もあるように存じます。

そして最近は、お店で見つけて「かわいい」と思っても、自分には着こなせないとか、似合わないというものが分かるようになってきましたし、「このTシャツ一回洗濯したらヨレヨレになっちゃうわ、きっと」なんてことも考えるようになってきて、長く大事に着れるお洋服を求めるようになってきているように思います。

ファッションへの感覚も、日々変わっていくもの。

あまりこうだと決めつけずに、心のままに楽しみたいですよね。

ああ、そうそう、身近な人物の真似ばかりしていると、70％くらいの確率でエネミー認定されるので、お気をつけあそばせ……。

4　清潔感が一番大事。すべての魅力をコントロールします

どんなメイクをしているか、どんなお洋服を着ているか、それがその人の印象に関係してくることに異論はございません。

どんな姿勢で、どんな立ち居振る舞いをするか、ということも重要だとは思っております。

でもわたくし、あえて申し上げますが、それらすべてを支えるのは「清潔感」だと考えております。

清潔感がない方が、どれほど素敵なお洋服を着ていても、どれだけ高価なバッグを抱えていても、そしてマナーを意識した振る舞いができていたとしても、まった

く素敵には見えない。

これはわたくしにそう見えるだけ？　みなさん、そうは感じてらっしゃらない？　感じるよねえ？

分かりやすくお伝えするために、お肌のお話をいたしましょう。

たとえば年齢を重ねてもシミやシワのない顔が理想、それも一つの価値観です。一方で日に焼けたお肌に、シワがいくつも刻まれていてもそれは自然。

でもどちらにしても、わたくしは清潔感があればよい。清潔であればどちらも素敵だと思います。

この人は自分の身体や、身につけるもの、そして日々の身の回りをできるだけ清潔に保つ努力をしている。そのことは何よりも強く、印象として外に出てしまうものだと感じております。

顔が整っているとか、個性的な顔立ちだということよりも、太っているとか、痩せているとかよりも、大切なのは清潔感。

髪がボサボサなのは、気をつければ整えられます。肌がガサガサなのも、保湿をしまくればある程度はしっとり艶《つや》やかに見せることもできましょう。

それと爪。その人が清潔に保とうとしているかどうかが特に分かりやすく出るパーツですよね。伸びすぎていないか、爪自体の健康状態に気を配れているか。

何がいい、どれがいいということの前に、自分が清潔感を保てているのかを、わたくしはいつも気にしております。

それは自分をどれだけ大切にしているかが問われることでもありますし、何より**自分を大切にする行為というのは、とても気持ちの良いコト**です。

わたくしという個人は、YouTubeをはじめとして人様のお目に触れる機会もございますので、勝手に美が磨かれてしまっている可能性も無きにしも非《あら》ず……。それはゴメン。まあいろいろとございますでしょうが、**今すぐに、そしていつでもできることの一つに、清潔感を保つということがある**ように思っております。

ちなみに清潔の反対の言葉として、「不潔」という言葉が使われておりますが、わたくしはこの言葉がものすごく嫌いです。自分が口にするのも嫌ですし、ましてや誰かに投げかけてはいけない言葉だと思っています。これはもう本当に、強くそう思う。

なぜでしょう、当たり前のお話になってしまいますが、「不潔」という言葉には清潔感がまったく感じられないからかもしれません。

とはいえわたくしがこの言葉を使うシーンが一つだけあるということを今、思い出しました。

「不倫は不潔ぅ!!」

この時ばかりは、大嫌いな言葉が自然と出てしまいます。

不倫というのは、わたくしの中で清潔感のまったく感じられない行為なのだということでしょうかね。いやだ、取り乱しちゃったかな。ペロリ。

5　靴で人はキレイになれます

　わたくし、普段外を歩いている時は、あんまり人様と目が合わないように下を向いて黙々と……という感じなんです。

　対人恐怖症とまでは言いすぎなのですが、世の中や他の方々から必要のない刺激をあまりいただきたくないと申しますか、すごくよく言えば自分の世界で生きていきたいのでしょうか。

　下を向いてと言っても真下では危険ですから、斜め45度くらい。それでも周りの景色、街並みなんかはほとんど目に入らないわけですけれど、代わりによく見えるものもあるのです。

それが足元。前を歩いている方の足元、すれ違う方の足元、特に靴は自然と目に入ってくる。

その方が履いてらっしゃる靴が素敵で、そこから伸びる足とのバランスがすごくいい。そういう時には思わず目線をパッと上げて、その方の全身を見てしまうということがございます。

靴が素敵、足がキレイに見えるという方の多くは、全身を拝見しましても、やはり素敵ということがとっても多い。

高価な靴を履いているとか、足が細くて長ければそれでよいということではなくて、自分に似合う靴を履いてらっしゃるのか、その靴本来の魅力を理解していらっしゃるのか、それを履くと自分がどう見えるのかのバランスに気を配っていらっしゃるのか、そういうことなのではないかと存じます。

一瞬のことなので、いつもそこまで考えているわけではございませんけれども。

わたくしがハイヒールが好きということもありまして、ハイヒールを颯爽《さっそう》と履いてらっしゃる方の足元には目が行くことが特に多い。

これは他でも言われていることなのかもしれませんが、女性の足が一番美しく見えるのは8センチから10センチのヒールを履いた時だと思っております。甲に角度がついて、ふくらはぎもキュッとしまって見えて、足全体が美しいラインを描くことになります。あれは格別に素敵です。

もちろんそれくらいの高さのヒールでアスファルトの上を長く歩くのは足にも靴にも負担がかかりますので、それはあくまで特別な時の靴。普段からというのはすごく難しい。自然に歩くのも至難の業《わざ》です。

だからこそ、颯爽と履きこなしていらっしゃる方に出会うと、ハッと心を摑まれる。そしてそういう方は、必ずと言っていいくらい全身もバッチリと決まっていらして、なんて素敵なの！　とうっとりしてしまいます。

そんなに踵《かかと》の高いヒールではないにしても、ハイヒールには足を長く美しく見せる効果があることをよくご存知の方は、ちゃんと靴の履き方、パンツやスカートとのバランス、さらには全身のお召し物やバッグなどの小物とのトータルコーディネートもよく考えてらっしゃるもの。

自分を全体的に、そして客観的に見る、確認するという視点をお持ちなんだろうなと思います。

そういう方は、そもそも靴のキレイな履き方やお手入れの仕方にもきちんと気を配ってらっしゃるもので、傷ついていないか、汚れていないか、踵がすり減っていないか、そういうところもきちんとケアなさっています。

特に踵《かかと》は歩き方によってすぐにすり減って、斜めになってしまうもの。実はそこ、とても大切なパーツ。お忙しいのかもしれませんが、意外とそのまま履いてしまっている方も多くて、それでは歩き方からも美しさが削《そ》がれますし、足に不自然な負荷がかかって、しまいには膝《ひざ》が曲がってしまいます。それは避けたいものです。

自分のサイズに合った靴を選んで、きちんとお手入れをしている。その靴を履いた自分がどう見えるかもよくお考えになって、できるだけ素敵に見えるような工夫をする。

言葉にするととってもシンプルなことなのですが、意外とそうなさっている方は多くはないというのが、いつも斜め45度下を見て歩いているわたくしが感じていることでございます。

そしてわたくし自身のことを申しますと、普段はほとんどスニーカーです。YouTubeのロケに出かける時も、少し歩くことになったり、どちらかの工場なんかにお邪魔するなどという場合は、スニーカー。

ハイヒールは大好きなので、履ける時は履いたほうが、わたくしのこの脚線美が際立つことも存じ上げております。でも無理や不自然なことはいたしません。ヒールがふさわしい撮影の時にはヒールを履きたいな、そのほうがアガりますしということで。

そしてスニーカーにはスニーカーなりの、良さも素敵さもあります。

わたくし、「そのスニーカーどこのですか？」とご質問いただくこともありますが、それぞれが自分に似合う、お気に入りのものを履けばよろしいのではと思っております。

ただ一つ、これもまたいつも斜め45度下を向いて歩いているわたくしから一言申し上げますと、世の中にはいろんなスニーカーがございますが、「履き込んで汚れていたほうがかっこいいスニーカー」と、「できるだけキレイなほうが本来の魅力が伝わるスニーカー」の2種類があると思っております。

最近のわたくしの場合は、後者を選ぶことが多いので、一度買って履きやすくて気に入ったものは、もう1足買っておくことにしています。1足が汚れてきたら、クリーニングに出して、その間はもう1足を。最近はモデルチェンジのスピードが速く、いつの間にか買えなくなってしまうことも多いので、買えるうちに2足目を。

「オシャレは足元から」という言葉、どなたが言い出したものかは存じ上げませんが、なるほどその通り、ブリアナも賛成いたします。

わたくしのようないつも下を向いて歩いている人には特に、みなさまのお足元、意外と見られているものですよ。

6 アガるバッグ以外はいりません

バッグは大好きです。

わたくしの祖母が、昔、ハイブランドの素敵なバッグをたくさん持っていて、子どもながらに、いいなあキレイだなあと思っておりました。

祖母はとにかく働き者で、毎日朝から晩まで一生懸命働いていたのですが、オシャレするのも大好きな人で、高価なバッグやお洋服なんかも自分が稼いだお金で買っていました。

わたくし、大人になってから最近までは、それほどお金に余裕のある暮らしをしていたわけではないので、ハイブランドとのご縁はそれほどございませんでした。

本当にみなさまのおかげ様で、YouTubeをたくさんの方にご覧いただけるようになって、先日買わせていただきました、ずっと憧れていたブランドのバッグ。

シャネルのバッグでございます。

祖母はヴィトンやグッチなど、いろんなブランドのバッグを持っておりまして、その中でもわたくしが特に好きだと感じていたのが、シャネルだったのです。

どこに惹《ひ》かれていたかと申しますと、あのマーク。あのCが重なるマークが子どものわたくしにも素敵、かっこいいと感じられたんです。「シャネルらしい」と申し上げるしかないゴージャスな佇《たたず》まい。やはりあのマークを目にすると、大人になったわたくしも、グッとテンションが上がります。

ということで、わたくし、今日は買わせていただくわよという決意を胸に、シャネルのお店にお邪魔させていただきました。気合いは十分でございます。

しかし、これがひと騒動でした。

シャネルのバッグと一口に申しましても、形や仕様、様々な種類がございます。

なんとなくイメージしていたものはあったものの、正直、ものごっつい悩みました。

高価であるということも、もちろんわたくしの心に緊張感を与えつつ、このわたくしが持ってよいシャネルってどんなものなのか、たくさんのバッグを目の前にして分からなくなってしまったのです。

好きなものや自分に似合うと思うものを選べばいい、ただそれだけだとも理解はしております。しかしそれにしてはどれも素敵すぎなんです。素敵すぎて今の自分にどれが似合うかも分からない！

あれもこれもと見せていただき、手にとっていろんな角度から眺めてみる。そしてその都度、鏡の前に立って持っている姿をいろんなポーズをとって確認。

「いやだ、迷うー。どないしよー!?」

悩みまくっていたわたくしに、店員さんは根気よくお付き合いくださいました。でもさすがに何時間も経ってくると「いい加減に選んでくださいね」という雰囲気も無きにしも非《あら》ず、でございました。

結局は、気持ちとしては落ち着きを取り戻せないまま、半ば直感に耳をすませるような感じで、「えいっ！」とその中の一つを選ばせていただきました。

お会計している間もドキドキ。紙袋を持って家に帰ってもドキドキ。袋から出して、鏡の前で持ってみてもドキドキ。そして今日はオシャレをしたいというデートの時に初めて使った時も、ドキドキ。

このドキドキは今に至っても、完全にはなくなっておりません。回数としてはもう何度も使用していますが、「さあ、今日はシャネルかしら」と思って手に取った時に、あのマークがキラーンとすると、ドキドキが生まれるのです。

これには二つの理由があると思っております。

一つはシャネルのバッグの魅力に、まだわたくしという人間の魅力が釣り合っていない。つまりは似合っていない、使いこなせていないということ。これについては、わたくしがより一層、努力や経験を重ねていって、このバッグに見合う人間になるしかございません。

もう一つは、当たり前の話かもしれませんが、このバッグがわたくしをドキドキさせてしまうだけの強い魅力を放っているということ。ドキドキという言葉ですと、ネガティブな意味合いも少し含んでしまうように存じますが、つまりはこれは、わたくしがシャネルのバッグを持つと、テンションがアガると申し上げることもできます。

シャネルはいつも、わたくしをアゲてくださるのです。

この経験をさせていただいてからは特に、アガるバッグ以外はいらないと思うようになりました。そういうバッグには高価なブランドのものが多いので、次々と手に入れることはできませんが、それでいいのです。

わたくしはわたくしをアゲてくださるようなバッグを少しずつ増やしていって、それらを使い倒していくうちに、バッグの魅力に見合う人間になっていきたい、そう思っております。

ポールダンサーとしてのレッスンやショーの場には、衣装やタオルなどを入れるために大きくて機能的なバッグが必要です。そういう時には、主には無印良品のバッグにお世話になっております。

無印のバッグがシャネルのようにわたくしをアゲてくださるわけではございませんが、それでもやはり自分が持ち歩くもの。**きちんと納得して、心から気に入っているものでないと、一切使いたくない**と思ってしまいます。そういうものに出会えるまでは根気よく探すようにしております。だって自分が目にするもの、手にするものですから。

アガるバッグ以外はいらない。

祖母のように、**良いものを長く愛したい。**

7 ネイルは、わたくしを幸福にしてくれる大切なパーツ。指先の所作まで美しくなる

今はドラッグストアでメンズ用のネイルも売られているくらいなので、ネイルのケアは女性だけの楽しみという時代ではなくなってまいりましたね。

わたくしがネイルの効果のようなものに気がついたのは、10代の半ばだったと記憶しております。

それ以前から女性のキレイなネイルを見て、素敵だわと思っていたことはあったかもしれませんが、はっきりと意識した時というのがあるのです。

それは働き者の祖母の硬くガタガタになっていた爪を、キレイにしてあげた時のこと。

祖母はオシャレも美容も大好きという人だったのですが、忙しすぎたのか、爪だけはお

ろそかになってしまっていました。

祖母に大変かわいがっていただいていたわたくしは、日頃の感謝の気持ちから、そのボロボロになっていた爪をなんとかキレイにしてあげたいと思ったのです。

特に知識も何もなかったのですが、近くのドラッグストアで専用のヤスリを見つけてきて、説明書を読みながら、まずはこっちの面で削って、仕上げはこっちで、みたいな感じで整えていった。それからネイルを塗ってあげて。

そうしたら祖母がとっても嬉しそうな、なんとも幸せそうな顔をしていたんです。「ありがとうね」って何度も言われました。何度も爪を見ていた姿を覚えています。

祖母が喜んでくれてよかったと思いながら、わたくし、女性にとって爪というのは大切なものなのだと分かったのです。

ちなみに祖母は後に認知症にかかってしまい、その面倒をわたくしと従姉妹《いとこ》で見ていた時期があったのですが、わたくしのことが誰なのかよく分からなくなっても、ネイルのケアをしてあげるとテンションがアガって、溢《あふ》れそうな笑顔を浮かべたものでございます。

そんなこともありまして、ネイル好きになっていったわたくしですが、ポールダンサーというお仕事のこともあり、自身としては基本的に短い爪が好きです。

少しでも伸びてきたなと感じたら短く整えて、ヤスリで削って、その時々の気分でネイルを塗る。

難しいことは何もございません。**自分の手を見つめた時に、「わたくしのネイル、なんてかわいいのかしら」とうっとりできること、**それだけが大事なことと思っております。

それ以上のケアが必要な時は、お気に入りのネイルサロンの方にお願いいたします。ただ、ご存知の方も多いと思いますが、爪は削りすぎると薄く、もろくなってまいります。ヤスリの頻度には気をつけなくてはなりません。

わたくし、ポールのレッスンをすると爪が傷むので、その分熱心に手入れをしていたのですが、ある時、ネイルサロンの方に、「ずいぶん薄くなっているので、1ヶ月くらい休ませたほうがいい」と言われたのです。

それでは仕方ないと思って、放置したまま日々を過ごしていたのですが、ある時、気づいたのです。なんだか、これまでと違うなと。

何が違うって、日々の幸福度がちょっと違うのです。

わたくしの毎日の暮らしから、「爪がちょーかわいい!」と思える瞬間がない。それは自分を構成する大事なパーツを一つ失ってしまっているような感覚でした。

その時、改めてネイルがどれだけわたくしというものに大きな影響を与えているものなのかを知ることができました。そして以後はより一層、爪を大切に思うようになりました。

個人としては短い爪が好みではございますが、長い爪も、観賞させていただく分には大好物でございます。

わたくしの古くからの女性の友人で、大型トラックの運転手さんをなさっている方がいらっしゃいます。彼女はバッチバチのメイクとキラッキラなネイルで、大型トラックのハンドルを握っている。

その姿を目にした時に、「なんて素敵なの！」と感動してしまいました。

今や大型トラックを運転することに性別は関係のない時代ではございますが、おそらく彼女のお仕事仲間には屈強な男性たちが多いでしょうし、お仕事自体も力を使うものも少なくないかと思います。

その中で、あのかわいいネイル！

周囲へ与える清潔感や華やぎ、そしてギャップが際立たせる彼女の魅力というのもあるように存じます。何よりも彼女自身がハンドルを握る自分の指を見つめて、幸福を感じていることを想像すると、もう「いいこと尽《づ》くし」とさえ思ってしまいます。

またネイルには、**手の所作《しょさ》に影響を与える**という効果もございます。

たとえばある程度の長さのネイルを美しく保っている女性が、テーブルの上に置かれた

1枚の書類をつまむとします。

書類を取れさえすれば良いので、その方法などいくらでも考えられますが、ネイルを大事にしている方だと、ネイルを傷つけないために、と申しますか、現実問題として、手を一度大きく広げて、指の腹を使って書類を摑むような格好になります。

その所作がなんともエレガントでセクシーに見えるのです。**指先まで神経が行き届いている人って、自然と所作が美しくなるんです。**

つまりネイルは、その方の立ち居振る舞いにも影響を与えるくらい大きなもの、わたくしが申し上げたいのはそういうことです。

ちなみに、わたくしのパートナーもきちんとネイルのケアをしております。

彼は仕事柄、お客様に書類をお見せして、それを指差しながらご説明するという機会が多い。その時に自分の爪がキレイに整えられていると、一つ自信がもらえるような気持ちになるとのこと。

そういうことで、本当に男女問わず、ネイルのケアはぜひオススメいたします。

ネイルは日々の幸福度を上げてくれる。これは一つの真実だと、わたくし申し上げてしまいます。

8 保湿、保湿、とにかく保湿です!

ポールダンサーにとって、肌が乾燥してるって大変な問題なのでございます。

なぜなら、肌がカサカサ村だと、皮膚がポールにとどまらず滑り落ちてしまう。手で掴むだけでなくて、身体のいろんなところで挟んだり、引っ掛けたりして身体を回す必要があるので、肌の状態はとってても重要。肌がしっとりもっちりしている状態がベストなのです。

油でも塗っとけばいいんじゃないと思われるかもしれませんけれど、残念ながらそうではございません。油分でテカテカになったポールは、ただツルツルに滑るだけでグリップが利かなくなります。

わたくし、もともと乾燥肌でして、特に冬場はカサカサ村になっていて悩んでいました。油分の少ないクリームを選んで塗り込んでいたものの、面倒臭がりのわたくしには手間ですし、あまり持続効果もない。

そんな時、ポールの先輩が教えてくださったのです。

「顔用のパックで全身を拭くといいよ」

この一言、わたくしにとってまさに天からの声のようにありがたいお言葉でした。

価格によっていろいろな効果があると存じますが、わたくしの先輩は、ドラッグストアなどで30枚でワンボックスに入って数百円というような、安価なものでかまわないともおっしゃっていました。

本当に？　と思いながらも、実際にシャワーの後に全身に使ってみましたところ、あらビックリ！　いとも簡単に全身がしっとりと潤うではございませんか！

しかもクリームを全身にくまなく塗り込むような手間もかかりません。ヒタヒタになっているパックで全身をさっと拭けばそれでいいのです。あんなところも、こんなところも全部拭いちゃえばいい。

安価なパックをお顔に使うことには、抵抗がある方もいらっしゃるかと存じます。わたくしも敏感肌ですので、顔には顔用のケアをしております。でも腕や足などであれば、敏感肌なわたくしでも、今のところ、これでなんの問題もございません。

いや問題どころか、しっとりもっちりの腕を時々触ってみては、「ああ幸せ〜」「ちゃんとケアできていて嬉しい」なんて思って毎日を過ごしているのです。

この顔用パックで全身保湿という方法に目覚めてからは、基本的に1年365日、毎日実践しております。1ヶ月数百円でこのお肌が手に入るならば、わたくしはとってもリーズナブルだと思いますが、いかがでしょう。

身体の保湿については現状でこれがベストというものに出会ったわたくしの、お顔のほうのお話も少しだけ。

乾燥肌のわたくしのお顔、特に夏場は放っておくと、脂分が出すぎてギトギトになりがちでした。メイクを落としてそのままなんかにしておきますと、さらに大変なことになりまして、ギトギトからのニキビということも頻繁。

あ、ぜんぜん関係ないけど、「大人になったらニキビじゃなくて吹き出物」って言う方、苦手よ。

イベントでのショーが重なって、「メイクをして、メイクを落として」の頻度が増す冬なんかは、顔が乾燥しすぎて「象？　象なの？」というくらいひび割れて、硬くなってしまったこともございます。

化粧水というものは使っていたものの、忘れない時に一応は塗ってみるという程度で、半ばコンディションが悪いのが当たり前だと受け入れておりました。

でも今のパートナーと出会い、彼がもともと肌ケアへの意識が高い人だったことから、その影響を受けて開眼。**どんな高い美容液を使うよりも、まずは保湿、保湿、保湿！**という考えに変化していったのです。

世の中には化粧水だけでもいろんな商品がございますよね。また情報も氾濫《はんらん》というほど溢れかえっていて、「○○という成分がいいらしい」、みたいな情報があちこちから聞こえてまいります。

わたくしが現在、使わせていただいておりますのは、昆布のヌルヌルのエキスを配合した化粧水で、確かに昆布の香りがほんのりするのですが、ヌルッとした保湿力はかなりのもの。今は気に入って毎日愛用しております。

とはいえ、この先もずっと同じものを使っていくかどうかは分かりません。自分の顔を使って試すような感じで、さらに良いもの、さらに自分に合うものを探していきたいと思っております。

わたくしは記憶力が良いほうではないので、たとえば化粧品売り場の美容部員さんに、「これは○○という成分が入っていてすごくいいですよ」とご説明いただいても、すぐに忘れてしまうんです。それに自分の肌で試したこと、つまりは身をもって経験したこと以外は信じられないという、ちょっと頑《かたく》なな性格でもございまして、「今、すごく人気です」とオススメされても、こんなふうに思ってしまうのです。

「肌は人それぞれなんだから、他の人にいいものが、わたくしにいいとは限らないでしょう」

それだからこそ、回り道してしまうことも多いわけですが、性格は簡単には直せませんし、実際のところ、肌質は人それぞれ全員違います。美容部員さんのおっしゃることだけでなく、メーカーさんの謳《うた》い文句なども、あまり真に受けないようにしております。

メーカーさんは、たとえば化粧水の後に同じシリーズの美容液を使うと効果的というように使用手順まで分かりやすく定めてくださるわけですが、順番を逆にして使ったほうが自分のお肌にはよい、なんてこともよくあるものです。

そして同じメーカーさんのもので一揃《そろ》いさせるよりも、違うメーカーさんのものを掛け合わせたほうが強い効果が実感できる場合もございます。

だからとにかく、**気になるものは実際に使ってみる。使ってみた時の感覚と効果を噛《か》み締めるように実感する。そして「あんまりかも?」と思ったら、また別のものをトライ。**そう、試行錯誤です。

繰り返しになりますが、わたくしがお肌にとって一番大切と考えているのは保湿です。

保湿、保湿、とにかく保湿!

ファンデーションもお顔の見え方を左右いたしますが、わたくしの場合はそれほどのこだわりはなく、動画撮影用のカメラの値段とともにファンデーションの値段も上がってきた、そんな感覚です。あらいやだ、生々しいね。

お化粧をどの程度するか、しないかにかかわらず、**保湿されているお肌というものは、わたくしが特に大切に思っている「清潔感」と大きく関わってくるものです。**

たとえば化粧っ気がなくても、肌がしっとりもっちりの方からはとても素敵な印象を受けます。わたくしの祖母がそうだったのですが、顔中シワだらけのおばあちゃんでも、保湿を怠らない人のお肌はツヤツヤで美しいものです。

わたくし、これからメイクの仕方などはどんどん変わっていくかもしれませんが、この保湿、保湿、とにかく保湿!　というスタイルだけは一生をかけて貫《つらぬ》いていくつもりでございます。

9 結局、「かわいい」って「バランス」のことじゃないのかしら

オシャレのこと、メイクのこと、スキンケアのこと、いろいろと申し上げてまいりましたが、結局のところ、わたくし、かわいいってバランスのことじゃないの？　と思っております。

あくまでわたくしがそう思うということで、人の数だけかわいいの形や定義ってあると思います。そもそも定義付けしなくちゃいけないような堅苦しいものなんかじゃなくて、**かわいいって、ただ自由にそう感じるものではございませんか。**

好みって本当に人それぞれ。誰かの好きを、自分が好きにならなくてはいけない理由など一切ございません。同じように「かわいい」も、それぞれのかわいいがあって当然。

どう感じるかという感性は、その人にとってかけがえのないものです。もし誰かが、このわたくしに、ある感じ方を押し付けてきたとしたら、「無理です」って逃げ出してしまうと思います。

という前置きをしっかりとさせていただいた上で、わたくしのかわいいについてもう少しだけお伝え申し上げます。

そう、バランスのお話です。

まずかわいいにもいろんな種類のかわいいがございますよね。

すごく分かりやすい例として、きゃりーぱみゅぱみゅさん。

彼女のあのロリータと申しますか、原宿系をベースにしたかわいさの強度には心から尊敬の念を抱きます。でも彼女を少し観察してみますと、単に甘甘《アマアマ》なかわいさだけでなく、ちょっと不思議というかグロいというか、スパイシーなテイストが混じっていますよね。

表現としてはありふれておりますでしょうが、甘さと辛さがオリジナルなバランスで成立しているからこそ、彼女は人を惹きつける魅力を持っていらっしゃるのだと思います。

思うに、ベースにあるのは、彼女の持って生まれた容姿やキャラクター、知性だと思いますので、そのままを真似しようとしても同じようにはならないかと存じます。

そしてその対極にいらっしゃる方として分かりやすいのは、そうですね、どなたでしょう？

蒼井優《あおいゆう》さんを思い浮かべるとよろしいかと存じます。

蒼井優さんは、もう何もしなくてただそこにいるだけで美しい。向こう側が透けて見えるくらいの透明感のある佇《たたず》まい。彼女の場合は、生成《きな》りのワンピースをサラッと着て川辺に立っているだけで、存在としてもう完璧です。

その上で彼女をさらに魅力的にしているのは、実際にお話しになると声がちょっとハスキーで低めで、男性的な無骨さがあるというところ。その〝地〟の部分が、かわいさや透明感に折り重なるようにして、彼女にしかない独特のバランスを生み出している。蒼井優さんという方を、一層ミステリアスでつかみ所のない特別な人にしている。

わたくし、評論家でもなんでもございませんので、偉そうなことを申し上げるつもりはないのですが、「かわいい」と「バランス」の関係について考えた時、お二人のことを思い出すと分かりやすいなと考えた次第です。

有名人でなくても、街で見かける女性の中にも、素晴らしいバランスをお持ちの方、いらっしゃいますよね。

わたくしが最近お見かけしたのは、上下をスキのないハイブランドのお洋服でカチッと決めて、ハイヒールを履いていらっしゃって、「この方、ファッション誌の偉い方なのかしら」というような女性でした。

それだけでも十分に素敵なのですが、そのお方は、長い髪の毛をふんわりとゆるく一つに束ねてらしたんですよね。髪型の抜けた感じがお洋服のカッチリした感じと相まって、とってもバランスが取れていて、「なんてかわいいの！」と心の中で拍手をお送りいたしました。もちろん、わたくし好みの甘い辛いのバランスの中でのお話ではございますが、感動的だったのです。


かわいいとバランスの関係は、お洋服やファッションの話にとどまらないとも思っております。

メイクだって、みなさんご自分のお顔というベースをどう見せるかということに向き合った時に、バランスということは少なからず意識されることと存じます。

スキンケアだってそうです。わたくしのような乾燥肌の人間は特に、肌の水分バランスに気を配る必要があって、しっとりもっちりなお肌に向かって、なんとかバランスを取ろうとしております。

そしてここで一つ重ねて申し上げたいのが、完璧にバランスが取れているという状態が、「かわいい」というわけではないのでは？　ということです。

現在の状態がいくらかアンバランスであったとしても、バランスを取ろうと努力している、バランスが大事だと思って気を配っている、わたくしはその姿こそがすでに、かわいいのではないかと思っているのです。

毎日、生きていればいろんなことが起こります。かわいいとか、かわいくないとかの前に、わたくしたちはなんとか今日を、つつがなく生き延びていかなくてはなりません。

でもその時に少しでも、自分のバランスについて意識ができているか。バランスが取れていない部分を見つけたら、それを改善しようと考え方や行動を変えることができるか。わたくしが**「かわいい！」**と反応してしまいますのは、上手《うま》くできるとか、すぐにできるとかそういうことではなく、バランスを取ろうとしている、その人の姿勢、在り方、さらに言えば心持ちということでございます。

バランスを取るとは、今よりももっと良いものになるために、何か違うテイストのものを入れよう、組み込もうとすることかもしれません。

たとえば、すべて同じブランドの同じラインのお洋服で全身を揃えようとしたら、そこにはバランスという考え方は必要ございません。すべてのパーツが同じ方向を向いているからです。

何か異なるテイストのものを取り入れることで、自分だけの心地よい状態を作ろ

うとすること、それがバランスなのではないでしょうか。

本当のことはよく分かりませんが、わたくしはそう思って、日々、このかわいさに磨きをかけていきたい、そう考えております。

10 無意識のうちにあなたの「内側」が表れるのが、姿勢、所作、声

美しくなるためには、毎日が研究、研究。試行錯誤の連続です。

わたくしも日々、海外のドラマに出演している上品なみなさまですとか、街にいるかわいらしいギャルの方々などを見て、様々な情報をインプットしております。

ドラマの中では、ちょっと性格が悪かったりしても、**姿勢が良くて所作がキレイで、自信に溢れて見える**、そういう方を魅力的に感じることが多くございます。

わたくしはショーガール、ポールダンサーとしてたくさんのお仲間と一緒にショーに出演してまいりました。そのたびに自分の見え方というものについて、あれこれと考える機会がありました。

一度ステージに立ちますと、360度あらゆる方向からお客様に見られるのがポールダンサーの使命。

ですから、ポーズを決める時だけでなく、歩き方や呼吸の仕方みたいなところまで、「どうすれば最も美しく映るのか」に全神経を集中させております。

座る際の足の角度、手を置く場所、ポールを持つ手の指先から足の爪の先まで、わたくしの美しさを最も引き出してくれる仕草や所作については、日々研究。

そうしてわたくしは今、この美しさにたどり着いているのでございます。

ただ一つここで申し上げたいのは、**人様からどう見られているのかを気にしすぎてしまうと、時に、自分が持つ美しさや魅力が損なわれてしまう**ということ。

ここは本当に注意が必要。

世間からの見え方や周りの意見ばかりに囚《とら》われると、自信を失ってしまいがち。

わたくしがいつも意識しておりますのは、自分の行動や所作について「自分はどう思うのか」を大切にすること。

自分が取った行動、自らの所作や立ち居振る舞いに対して、自分自身がちゃんと良いと思えるかどうかが、とっても重要。

内側から美しさを発していくために、自信を蓄《たくわ》えていく、そんなイメージで捉えております。

周りからどう見えるのかをできる限り意識する。

周りからどう見られているかに囚われず、自信を保つ。

この二つは矛盾しているように思われるかもしれません。

そうですね、言葉だけ見れば矛盾しておりますが、わたくしはこの二つの間を往復すればするほど、美しくなれる、そう思っているのかもしれないね。

所作から少し離れるかもしれませんが、声についてもお話しさせてください。

わたくしは人の声にも敏感なほうです。

たとえばお洋服屋さんに入った時。店員さんの中には地声に近い声で接客をしていらっしゃる方と、意識して普段より3、4トーン高くしていらっしゃる方がいらっしゃいますよね。

みなさまはどちらを素敵だと感じますか？

わたくしは、**地声に近い方のほうが素敵だわ、信頼できるわ**、と思ってしまう。

いくら品が良くても、ものすごく高いトーンの不自然な声を出される方と長く一緒にいると、聞いているだけで疲れてしまう。その方が何かを取り繕《つくろ》って、自分以外のものになろうとしている感じがしてしまうのです。

地声に近い声の店員さんのほうが、自身や商品に自信を持ってらっしゃるのだと感じられて、お話しされている内容も、より信憑性《しんぴょうせい》が高いように感じます。「買ってみようかしら」って思うこともしばしば。

自分で思っているより、**声って、その人の本心やその人らしさが出てしまうもの。そして、お相手に対する印象を大きく左右してしまうもの。**ですから、相手への気遣いの表れでもある「所作」の話をする時に、どうしても声の話をしたかったのです。

11 身体の声を聞くの。ストイックなダイエットはいたしません

みなさんはダイエットってされていますか？

わたくしはポールダンサーとして、体調と体型の管理にはある程度気をつけるように心がけております。

わたくしポールを始めたばかりの頃に、腕の炎症が原因で全治2ヶ月ほどの怪我をしたことがございました。当時はふくよかさんでしたので、わたくしの重さは98キロほどあって。

その体重すべてを片手だけで無理やり支えようとしたものですから、怪我もしますわよね。

ポールダンスをしていると、わたくしのナイスなバディを2本の腕、もしくは1本の腕だけで支える、なんていう瞬間は多々ございます。

そんな時に身体が重すぎると、思うように動けず、ポーズもなかなか決まりません。ですからみなさまの前で美しく舞い踊るためにも、体型の管理はとても重要なんです。

でもわたくし、**同じ体型をずっとキープしなくてはいけない、とまではストイックに考えてはおりません。**

鏡で自分の姿を見て「これ以上太ったら、そろそろ困っちゃうかしら」と感じたら気をつける。こんなふうに、**マイルールをゆるっと**決めております。「1日3食バランスよく何でも食べましょう」みたいに言われるけど、わたくしはそれに縛られたり、従ったりすることはありません。

けれども一時期わたくし、ダイエットのために厳しい食事制限をしたことがございました。炭水化物を食べず、糖質をできるだけカットするというダイエットをしていたんですね。食べる量をコントロールすると確かにしっかりと痩せたんですが、なんだかすごくフラフラしてしまって、パワーがまったく湧かなくなってしまったんです。気分が上がったり下がったり、メンタルにも影響が出てしまったくらい。

ですのでそれ以降は、シンプルに食べてトレーニング、が一番。

そもそも、何が食べたいかって、その時々によって変わりますよね。昨日は「明日絶対、お魚が食べたい」と思っていても、今日になったら、「どうしてもお肉がいい」みたいなことってございますでしょう。

そういうのって自分自身の心とか身体が欲しているということなんじゃないかしら。

世の中で言われていることと、自分の心と身体が欲していること、どちらを信じているかというと、わたくしは断然、心と身体のほう。

だってわたくしのことを一番知っているのは、わたくしですもの。

ただね、体調が崩れたりお肌の調子が悪くなったりするのは、身体からの**危険信号**が出ている証拠。

そんな時はわたくし、**食べるものを決めるのではなくて、食べないものを決める**ようにしております。

消化に悪いものは食べない。

そして、市販のお菓子はできるだけ食べない。

市販のお菓子には、お砂糖が多いものとかカロリーがすごく高いものが多いんですよね。

ストレス解消で甘いものをたくさん食べると肌が荒れて精神的にも悪いですし、身体にも悪い。まさにダブルパンチなわけでございます。

ですので少しの間、甘いものをやめるだけでも、肌の調子はぐっとよくなります。そうすると、鏡を見る朝のわたくしもとてもご機嫌になれる。ぷりぷりのお肌で一日を過ごせると、だんだんと気持ちも明るくなってまいります。

これはストレスが溜まった時もそうですし、仕事や人間関係でトラブルが起きた時もそう。**何かが上手くいっていない時って、何をするかじゃなくて、何をやめるかも大事**なんですよね。

ダイエットの一番の敵は、痩せたいという思考だけに囚われて、気づいたら不健康になっているというコト。ダイエットは代謝を上げ、健康的な身体を目指すことだと考えます。

わたくしは今日、とっても頑張ったので、**アイス2個食べちゃうけどねえ。**

12 「キレイに食べる」ことを心がけています

わたくし、YouTubeをご覧くださっているみなさまから頂戴したコメント、いつもすべて拝見しております。今のトコロね……。

「ブリちゃん痩せた気がするけど、ちゃんと食べてる?」「逆流性食道炎じゃない? お願いだから、病院に行ってね!」

そんなふうに体調まで気遣ってくださる方もいらっしゃって、なんでしょう、お友達のように感じてくださっているのかしら? どうもありがとうございます。

そんなコメントの中で時々、「食べ方がキレイ」とお褒めの言葉を頂戴することがございます。

わたくし、お食事をする時にはできるだけキレイに食べたいと心がけておりますので、とっても嬉しく思います。

お魚をいただく際は、骨や身がお皿の上にバラバラにならないようにする。

骨がついたお肉をいただく際は、できるだけ骨にお肉を残さないように食べる。

分かりやすく申しますと、**食事が終わってお皿を片付けてくださる店員さんに、「あらやだ、汚いわね」と思われないような食べ方**をしたいと思っているのです。

というのもわたくし、昔ウェイターとして働いていたことがあるんですが、その時のお客様に、お食事をとってもキレイに召し上がって、お皿もしっかりとまとめてくださった方がいらしたんです。

その振る舞い、心遣いが素晴らしいなと思ったものですから、それ以来わたくしも、積極的にその方がされていたようなことを真似するようになりました。**キレイに食べるというのは、お料理を用意してくださった方への感謝のしるし**ですから。

思い出しますと、初めてわたくしの食べ方を褒めてくださったのは、20代前半にお付き合いをしていた方でした。

彼はわたくしの誕生日に、ディズニーシーのミラコスタのレストランを予約してくださっていた。周りのみなさんはレストランの雰囲気に合うドレッシーな服装をお召しになっていましたが、世間知らずのわたくしと言ったら、ドナルドのTシャツを着て、ドナルドの大きな帽子を被《かぶ》っていて……。なんと申し上げますか、ものすごく浮いている状態だったのです。

そんなことでちょっと気後《きおく》れしている時に、彼が「食べ方めっちゃキレイだね」って褒めてくださいました。

彼と一緒にきちんとしたレストランでお食事するのは、その時初めてだったんです。お食事の仕方って人から見られているものなんだと改めて分かったとともに、彼がそこに注目してくれたのがとっても嬉しかった。もちろん服装も大切なことではありますが、**服装に過剰な意識を持つよりも、美味しくキレイに食べることをまず最初に覚えるほうが、マナーとしては、大切なことかもしれませんね。**

けれども、ナイフとフォークをどう使うのか。そういうことは自然と分かるものではございません。お皿の一番外側に置いてあるカトラリーから使うですとか、食べ終わった後のナイフの置き方なんかは、どこかで学ばなくては身につけるのは難しいこと。

わたくしにいわゆるテーブルマナーを教えてくれたのは、小さい頃一緒に過ごすことの多かった祖父母でした。高級なレストランに連れていってもらったことはほとんどなかったのですが、近所のステーキ屋さんに行った時や、結婚式の披露宴に行った際に、祖父母はお作法を一つずつ教えてくれたのです。まあ、正直あまり覚えておりませんが。

とはいえ、ちょっとややこしい**テーブルマナー以前に大切なのは、「魚は身を残さずに食べる」「食べ終わった後のお皿をキレイにする」といった基本的なこと。**まずは、そこからかしら。美味しくキレイに食べている方は、見ていて気持ちが良いです。

こんなことを申し上げているわたくしですが、24時間いつも食べ方を意識しているというわけではございません。誰も見ていない時は、袋に入ったサラダに箸《はし》を直接突っ込むような日もございます。

一人で食べる時と、誰かと一緒に食べる時で、お食事の仕方が自動で切り替わるくらいに習慣づけることができたら、それで良いのではないかと存じます。所作やマナーというのは、用意してくれた方や一緒にいるお相手に、気持ちよく過ごしていただくためのものだと思いますので。

13 「いただきます」って、ちゃんと言えてる？

高校生の時に、ヴィーガンの方に初めてお会いしました。彼女はわたくしのベストフレンドでしたので、自然とヴィーガンについていろいろと調べたり、話を聞くようになっていきました。

そんな中で、牛さんや鶏さんがお肉に加工される動画を見た時のこと。あまりにショックすぎて、わたくし17歳から18歳くらいの1年間、お肉がまったく食べられなくなってしまったんです。お肉で取った出汁《だし》すら身体が受け付けなくなったくらい。

それまでわたくし、お肉がどう作られているかなんて考えたこともありませんでした。

小学生の頃にかわいいニワトリさんを見ても、まさかわたくしたちが食べている鶏肉と同じだなんて、想像もしていなかった。牧場で牛さんや豚さんと触れ合っていても、普段食べているお肉だとは思いもしなかったわけです。

多感な高校生だったわたくしの食生活は、それを知ってから、がらっと変わってしまいました。

それでも友達と食事に行ったりした時は、我慢してなんとか飲み込んでいたんです。ですがお友達から「どうしたの？　顔が青いよ」って言われるようになって、次第にお友達とお食事に行くのが苦しくなってしまった。そのうち、お友達がわたくしに気を遣って、「この料理に動物の出汁は入っていますか」なんて聞いてくれるようになり、申し訳ないなと思うこともしばしばで。

もうどうしましょう、このまま大好きなお肉は食べられないのかしら、という状態がじわじわと1年ほど続きました。

そんな状況からどうやって脱したかと申しますと、これはもう意外といいますか当たり前といいますか、きちんと「いただきます」と心から言えるようになった時に、突然大丈夫になったのです。

振り返れば、お肉が食べられない時期は「いただきます」と言うことを忘れていた。いや忘れていたというか、思ってもいなかったのかもしれません。

お肉を食べられなくなったことを悩んで、どうしたらいいのかと考えていた時に、祖父から「いただきますを言わないのは、〝食材〟や〝作った人〟に感謝ができていないんだろう」と言われました。

わたくし高校生の時はかなりやんちゃをしていたこともございまして、いろいろなことに対して、気持ちが薄いと申しますか、感情のスイッチをオフにして過ごしていたことがございました。

家族が食事を用意してくれても「いただきます」も言わずに無言で食べたりして。そのうちだんだんと家族の前で食事をしなくなり、一人でマックのコーンスープを飲むみたいな生活になっていった。今思えば、食事に対して「ありがとう」の気持ちがなくなったタイミングで、さらにお肉も食べられなくなってしまったということだったの。

改めて考えてみると、**目の前にあるお食事はすべて、たくさんの命で出来上がっているわけでしょ？**

動物や植物の命のおかげ、精肉してくださっている方や猟師さんや農家さんや調理をしてくださっている方のおかげで、わたくしがいただく料理は出来上がっている。

ですから、**わたくしたち人間が自分の栄養として食べ物を取り入れることに対して、「美味しいご飯をありがとう」「いただきます」「ごちそうさま」って思えるか**

どうかって、とっても大事なことだと思うのです。ブリアナちゃんったら当たり前のことを言ってると思うかもしれないけど、ちゃんとそう思わないで過ごしてしまうことって、結構あるんじゃないかしら。

わたくしは、食事に対して感謝の気持ちを感じられるようになれたおかげで、お肉も頂戴できるようになりました。そこからはお肉のありがたさや美味しさを存分に感じながらいただいております。

たとえば焼肉屋さんとかで、お肉に対して「マズイ」なんて言う方がいたら、わたくし、もうその方とはダメですね、二度とお会いしません。どんなにそれまで仲良くても、どんなに好きでも、もうその日から連絡は一切取らない。幸い、このような方は、過去に一度しか遭遇していないけど……。

マズイと思うのは人それぞれの自由かもしれませんが、それを口に出すか出さないかはとっても大きな違いです。

動物の命を頂戴しているわけですから、そこはもう、わたくしの中でどうしても厳しくなってしまいがちかな。

14 わたくしのペースで話すから、わたくしが伝えたい言葉が出てくる

わたくしのYouTubeを当初からご覧になっている方はご存知かもしれませんが、わたくし最初は、一生懸命話そうと、それはそれは頑張っておりました。ですがわたくしの脳みそはゆっくりりちゃんですから、お口を無理やり早めるとたくさん噛んでしまって。「動画の編集が大変になるからやめて」と、ポヨマルさんからよく怒られていたんです(あ、ポヨマルさんは、動画を編集してくださってる労働者です)。

ですので今は、ゆっくりりちゃんの脳のスピードにあわせて、ゆっくりとお話をするようにしております。

話し方だけでなく、動画を撮り始めた頃というのは、右も左も分からないことばかりで

ございました。どのくらいたくさんお話をすべきなのか、どのような流れで撮影を進めるべきなのか。他の方の動画で勉強しながら、自分に足りない部分を探すことも多々ございました。

会話のテンポが良くて、展開も早くて、何より見ていてまったく飽きない。効果音や字幕がついた動画なども、たくさん拝見してまいりました。

ですが、いざ同じことをわたくしがするとなると、無理をしなければいけないことがありすぎて、「きっと長くは続かないわ」って思ってしまって。

もともとのわたくしはテンポ良く話せませんし、分かりやすいリアクションをすることもほとんどございません。

わたくしがみなさまに動画をお届けする時に一番大切にしたかったのは、わたくしが投稿したいと思える動画を撮り続けること。でも**無理をしなくてはいけないことがどんどん増えてしまうと、わたくしが大事にしたい部分を守れなくなってしまうのではないか。**そんなふうに、不安に感じていたんです。

ですからわたくし、ありのままのスタイルで動画を撮り続けられる環境を整えることを、今でも真っ先に大切にしております。

カメラの前ではナチュラルな気持ちでおりますので、疲れたら撮影中にぼーっとすることもございますし、30分くらい何も話さないこともございます。感情をごまかさずに、包み隠さずに、すべてをさらけ出させていただいております。

だって、朝からポールダンスのトレーニングをして、昼にはパーソナルトレーニングや柔軟のレッスンもみっちり受けて、その後に動画を撮影するとなったら、みなさんも疲れちゃうでしょう?

何かの基準に無理やり合わせたり、わたくし以外の誰かを真似するために頑張ったりするのではなく、わたくしはあくまでもわたくしのペースで進めてまいりたい。**こうしてわたくしのペースで話すからこそ、わたくしが伝えたい言葉も出てくる**んだと思っております。

こんなことを申し上げているわたくしですが、言葉遣いに関してはインスピレーションを受けている方がおります。

わたくしは小さい頃、祖母と一緒にデパートによくお買い物に出かけておりました。煌《きら》びやかなお洋服やお化粧品がずらりと並んだフロアに行くと、とてもウキウキしたものです。

その中でも、三越デパートの美容部員さんが話されていた言葉遣いには、今でも影響を受けております。人を美しくするためのお化粧の知恵ですとかヒントのようなものを、美しい言葉で伝えていらっしゃったんですよね。

美容部員さんって、お客さんの肌にメイクを直接して差し上げることもございますから、いろいろなところを配慮されていらっしゃると思うんです。不快感を与えないように、言葉遣いや態度、とても細かい部分にまで心遣いが見られるんですよね。

そんな気持ちを受け取って、美しい自分になるための勇気ももらったお客さんは、颯爽《さっそう》とお店から帰っていく。その姿が、とても素敵だなと感じました。

言葉って、人を元気づけたり、勇気づけたり、美しくさせたりする力を持っていますよね。

ですのでわたくしも、わたくしなりのスピードにはなりますが、**心から出てきた言葉を一つずつ選びながら**、これからもみなさんにお届けしてまいりたいと思うのです。

ねえ、気になったんだけど
ここまで一気に読んだ方いらっしゃるのかしら。
凄いね、
わたくし全然活字読めないからここまでひと苦労よ。
褒めて差し上げる。

ブリアナ物語2

パパ・ギガンテとの別れ

大きくなるにつれて、ブリちゃんはどんどんかわいらしくなっていきました。

周りの男の人たちがそんなブリちゃんを放っておくわけはありません。

ブリちゃんも男の人たちとの恋に夢中になりました。

でも、ブリちゃんの心の中には大きな穴がありました。自分の本当のお母さんが誰か分からないこと、そのことをみんなに隠されていたことへのショックによって生まれた、大きな大きな穴でした。

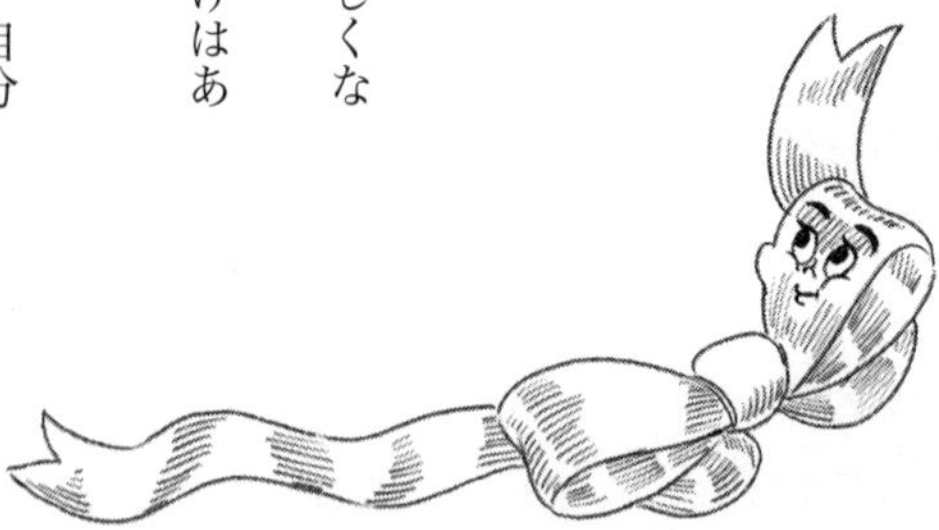

男の人と触れ合っていると、その穴を忘れることができました。そればかりか自分が特別に美しい宝石であるかのように感じられることもあったのです。

中学生になって、ブリちゃんはもう一度パパ・ギガンテと暮らし始めていました。

「親子としてやり直したい」

パパ・ギガンテはそう言っていたのです。

パパ・ギガンテの家には、「安産祈願」のお守りをもらった新しい女の人、つまりはママ・ギガンテ2がいました。ブリちゃんにとって弟妹となる二人の小さな子どももいました。

パパ・ギガンテとまた暮らせることに嬉しい気持ちはありましたが、ママ・ギガンテ2のことは受け入れることができませんでした。

　この女の人がブリちゃんの世界に現れたことがきっかけで、ブリちゃんは自分を産んでくれた本当のお母さんがいるということを知ってしまったのです。最初のママ・ギガンテとオトウト・ギガンテとの生活を壊されてしまったのです。

　ママ・ギガンテ2は、できるだけブリちゃんと仲良くなろう、本当の親子になろうとしているようでした。

　毎朝早起きしてお弁当を作って、持たせてくれました。

　でもブリちゃんはそのお弁当をどうしても食べることができず、学校帰りに公園のゴミ箱に捨ててしまっていました。

　ある日、ブリちゃんは家族が家にいない時に好きな人を家に招きました。二人がベッドの上で時間も忘れて触れ合っていると、突然部屋のドアが開きました。

「ご飯が出来たよ」

　ドアの向こうにはパパ・ギガンテが目を丸くして立っていました。

　ブリちゃんは好きな人を部屋の窓から逃がして、何もなかっ

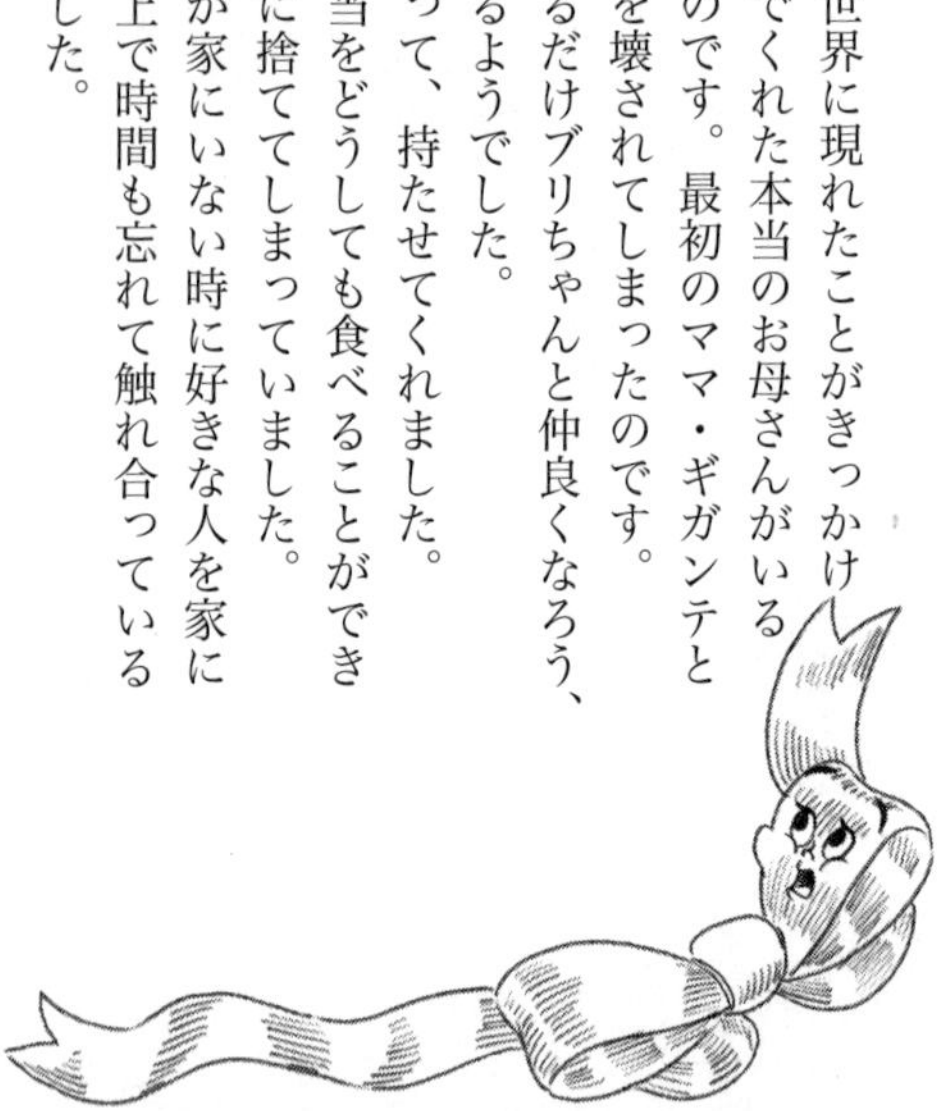

たような顔をしてパパ・ギガンテのところへ行きました。

パパ・ギガンテは何も言わず、ブリちゃんのことを殴りました。何度も何度も殴りました。

数日後、パパ・ギガンテは言いました。

「男の人を好きになるのは病気なんだ。ちゃんと治せる病気だから安心しろ」

ブリちゃんは自分が病気だなんてまったく思えませんでした。男の人が好きだという自分が悪いとも考えられませんでした。

ブリちゃんのことを理解してくれないパパ・ギガンテと、心を許せないママ・ギガンテ2との暮らしに耐えられなくなったブリちゃんは、家を出て新しく好きになった人と一緒に暮らし始めました。

まだ高校生だったのでお金もありませんでしたが、夜の街でアルバイトをして、恋人と慎ましい生活を送っていました。

パパ・ギガンテからは数ヶ月に一度、電話がかかってきました。

「今誰かいるのか？」

ブリちゃんの隣に恋人がいるのかどうかを確認してきます。

ブリちゃんが誰もいないと答えると、決まってこう言うのです。

「コーヒーを飲みに行ってもいいか？」

そうしてブリちゃんの家にやってきたパパ・ギガンテは、ブリちゃんがいれたコーヒーを飲みながら、「ご飯は食べてるか？」などとポツリポツリと質問してきました。そして本当にコーヒーを一杯飲むと帰っていくのでした。

そんなことが数年の間、続きました。

ブリちゃんが18歳のある日、パパ・ギガンテから突然、「家にご飯を食べに来い」と連絡がありました。

あまり乗り気ではなかったブリちゃんでしたが、何か特別な話があるような感じがしたので、久しぶりにパパ・ギガンテの家に行きました。

「ビールぐらい飲めるだろう」

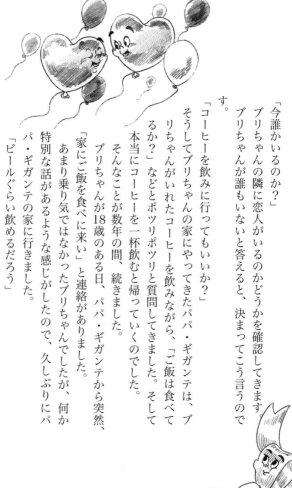

パパ・ギガンテはブリちゃんのグラスにビールを注ぎました。そして自分も何杯かビールを飲んだ後にこう口にしました。

「ブリアナちゃんが男の人を好きだという気持ちは俺には理解できない。でもそういうブリアナちゃんのことは受け入れるよ。親族の目を気にして、結婚を考えなくていいよ」

その言葉を聞いた瞬間、ブリちゃんの心の中にあった大きな穴が、温かいもので満たされていくような気がしました。温かいものは穴をすっかり満たしてもまだどんどん湧き出してきて、ブリちゃんの目から大粒の涙となって溢れてきました。

ブリちゃんはパパ・ギガンテの腕の中で大きな声を上げながら泣いていました。長い間ずっと泣いていました。

ブリちゃんはパパ・ギガンテに認めてほしかったのです。ありのままの自分を受け入れてほしかったのです。

そんな特別に嬉しかった夜から1週間後のことです。

信じられないことが起こってしまいました。

真夜中に突然、ブリちゃんの電話が鳴りました。

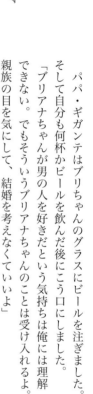

「パパ・ギガンテが倒れて、病院に運ばれた」

ブリちゃんはパジャマのまま病院に駆けつけました。

そこには顔に白い布をかけられたパパ・ギガンテが横たわっていました。

ブリちゃんはもう二度と動くことはないパパ・ギガンテの大きな身体にすがりつくようにして、大きな声を上げながら泣きました。長い間ずっと泣いていました。

パパ・ギガンテともう一度話したい。叶わないことを思いながら長い間ずっと泣いていました。

それから数日後。

まだ心の整理もつかないまま、パパ・ギガンテを天国に送るための儀式を済ませたブリちゃんは、パパ・ギガンテが遺《のこ》したものを片付けるために家へ行きました。

ブリちゃんが一番気にしていたのは、パパ・ギガンテのパソコンでした。

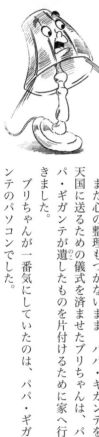

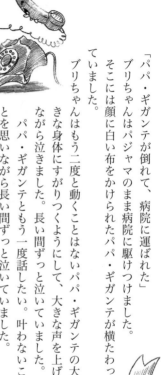

パパ・ギガンテはとってもエッチな人だったので、パソコンの中にエッチな何かが残っていたら、誰かに見つけられる前に消してあげたいと思ったのです。

ブリちゃんが考えていた通り、インターネットのブックマークにはたくさんのエッチなサイトがありました。でもそのエッチなサイトの中に別のものがいくつも混じっていたのです。それはブリちゃんのように男の人が好きな人がいるのはなぜなのかを解説したサイトでした。

パパ・ギガンテは、ブリちゃんのことを本気で理解しようとしてくれていたのです。

パパ・ギガンテは、ブリちゃんのすべてを受け入れるため勉強してくれていたのです。

パパ・ギガンテは、ブリちゃんという人を心から愛してくれていたのです。

ブリちゃんはもう二度と会うことのできないパパ・ギガンテのことを思って、大きな声を上げながら泣きました。長い間ずっと泣いていました。

ブリちゃんもパパ・ギガンテという人を心から愛していたと感じながら、いつまでもいつまでも泣いていました。

CHAPTER 2

恋する毎日を続けましょう
―Briana Days

1 二丁目で学んだのは、キラキラして生きること

時をほんの少し遡《さかのぼ》りまして、わたくしがまだ10代の前半のことでございます。

ひょんなことからだいぶ年上のお兄さまと知り合いまして、わたくし、まあ恋に落ちてしまいます。ほとんど初恋ですかね。そしてお相手の方に連れられて、その歳の頃から新宿二丁目に出入りさせていただくことになりました。

実はわたくしその頃、学校でいじめにあっていたんです。

今でしたら、わたくしのこの魅力が、人様を様々な形で刺激してしまう、そういうことだったのだと理解できます。でもその頃はまだ子どもでしたので、何が何だか分からず、いじめられているという状況にただ押しつぶされるように、暗い日々を送っておりました。

そんなわたくしがお兄さまに連れていっていただいたのは、二丁目のディスコ。そこにはゲイの方々はもちろん、ノンケの男女たちも集って、夜な夜な賑《にぎ》やかで生き生きとした時間を過ごしていらっしゃいました。

わたくしの暗い学校生活からしたら、真逆にあるような世界です。

ついこの間までランドセルを背負っていたことも忘れて、わたくしそのお店で、たくさんの大人たちに囲まれて、とっても楽しい時間を過ごさせていただきました。

10代の子どもが毎日のようにゲイバーやディスコに出入りする。これは法律的な観点から申しますと確実にアウトではございますが、様々な意味で時空が歪《ゆが》んでいるということで、どうかお許しくださいませ。ほほほ。

お店の方やお客様たちからは、わたくしの体格がすでに大人並みだったということもあってか、年齢を尋ねられることもなかったように思います。いや、そもそも二丁目というものが、昼間は何をしていようが、どんな事情があろうが関係なく、それぞれの欲求や楽しみのために集うという場所だったのでございましょう。

わたくし、そこで本当にかけがえのない体験をさせていただきました。

何よりもまず、二丁目を楽しんでいる方々がかっこよかった。

「なによあんた、ブスは黙ってて！」

「うるさいわよ、子宮からやり直しな！　ガハハッ!!」

こうやって文字にするとケンカ？　と思われそうなキツい言葉が、二丁目では当たり前のように飛び交います。もちろんどちらも怒っているわけではなく、これもコミュニケーションの一つというわけです。そもそも、愛情もない相手にはキツイ言い方をしない人が多いように感じます。

彼らはどんな言葉を浴びせかけられようが、落ち込んだりしても、たくましく切り返していきます。**みんながそこにいる自分に自信と誇りを持っていて、今という時間を最大限楽しもうとしている。**わたくしにはそう感じられました。彼女たちがキラキラと輝いて見えたのです。

わたくしもこんなふうに生きていきたい。

わたくしは二丁目で生き生きとしている方々に憧れを抱いたのです。

そこからわたくしは変わっていきました。彼らの操る言葉を覚え、彼らの所作《しょさ》を自然と真似るようになりました。

またそのお店の常連さんにプロボクサーの方がいらして、彼に学校でいじめられていることをお話ししたところ、殴られた時のかわし方、身のこなし方を教えていただいたこともございました。

「絶対に殴り返しちゃいけない。こうやってかわすだけで、相手は怯《ひる》むんだから」

ちょうど学年が変わるというタイミングで、いわゆるオネエ言葉とパンチのかわし方を覚えたわたくしは、まったく違うキャラクターとして登校します。

二丁目の大人たちと親しんでいるわたくしにとって、教室にいるいじめっ子たちはひどく子どもっぽく見えました。なぜこの人たちの目を気にして生きていたのかが、もはや分からなくなったくらい。

急にオネエ言葉を使い始めたわたくしを、特にこれまでいじめてきた男の子たちは驚きの目で見つめてきます。そしてもちろん絡《から》んでくるわけです。

「お前気持ち悪いんだよ、オカマ」

こう言われたら、かつてのわたくしであれば、黙って下を向いていたはず。

でも、わたくしはもう以前のわたくしではありませんでした。ただ殴られるだけの日々はもうおしまいだよ。

「は!?　あんたのほうが気持ち悪いわよ！」

いじめっ子たちはまたも驚いた後、我に返ると殴りかかってきました。そこでプロボクサーから仕込まれた、〝かわし〟のテクニックを初披露。

あの時のいじめっ子たちの目を丸くした顔、今でも思い出すと吹き出してしまいそうです。

この日をきっかけにいじめは徐々に沈静化していきました。まあ、わたくしのほうがまったく相手にしなかったので、いじめ自体が成立しなくなったということでもあります。

そして、女の子の友人が出来ました。彼女たちとは今も連絡を取る仲です。

それからしばらく、わたくしは昼間は学校に通い、夜は二丁目に入り浸《びた》るという生活を続けることになりました。

あの街で、よくお邪魔したあのお店で、学んだことは本当にたくさんあります。

中でもやっぱり一番は、**生きている以上、気持ちはキラキラしていたいな**ということでしょうか。

ちなみに、夜遊びがバレるたびに、線香に火をつけた祖母に、家じゅう追い回されました。

本当にコワイ体験でした。ええ。

2 失敗しないと分からないんだから、失敗してよかった

わたくしが10代前半の頃、だいぶ年上のお兄さまと恋に落ちましたことについては、先にお話しした通りでございます。

あれからかれこれ長い時間が経っているわけですが、今の彼氏に出会うまでのわたくしというのは、それはそれは恋多き生き物でありました。初めての恋の後はずっと、途切れることなく誰かとお付き合いをしているような感じで。

当時は、マッチングアプリなんてものはもちろんのこと、出会い系サイトや掲示板もない、いにしえの時代。若かりし頃のわたくしの恋愛は、新宿二丁目が主戦場でした。

20代半ばの頃になるとようやく出会い系というのが流行りはじめまして、そうするとど

こにいても出会いが転がっているという状態になります。

ある時、「こんなカッコいい方からお便りが」と、わたくしを舞い上がらせるような方から連絡をいただけたことがありました。

その方と実際にお食事をご一緒しましたら、マッチョな体型なだけでなく、とってもインテリな方で、一瞬で魅了されてしまいました。それで「好き」と言われてお付き合いすることになったのです。

でもたった3ヶ月で、「束縛されるのが結構辛《つら》い」と言われて、お別れをすることに。思えばわたくし、連絡が取れない時間が多くなるとすぐに浮気を疑ったり、「本当にわたくしのこと好きなの？」と質問攻めにしたりしておりました。

お別れの電話をしていたのは夜中の3時頃でした。大変遅い時間ですし、普通なら「いや、明日また話そう」となるところを、電話を切られて、いても立ってもいられなくなったわたくし、奇行に出てしまいます。

すでに終電の後でしたから、自転車で3時間くらい走って彼の家に突撃いたしまして。しかも、そんなことが、一度ではありませんでした。今となっては、お別れを告げられて当然だと分かりますが、その時は、冷静に考えることができなかったのですね。コワイですね。わたくしもそう思います。

また、20代後半の頃には、当時の彼が、お付き合いを始めて3ヶ月くらいでベルリンに留学に行くことになり、

「わたくしも行きます」

と、一緒に同じ語学学校に入学したこともありました。それくらい好きだったのでございます。コワイですね。わたくしもそう思います。

実は、すぐに感情的になるわたくしが変わっていったのはその方と出会ってからで、その方の影響が大きかったように思います。

それまでは、夜中でもすぐに自転車を漕《こ》ぎ出してしまうようなわたくしだったわけですが、その彼は、そうしたわたくしに対して毎回諭《さと》すように、

「どうして、こんなことをしたの？」

と、冷静に怒ってくれるタイプだったのです。複雑な経緯があって、その方と結局はお別れすることになりましたけれども、このお別れにあたって、わたくしは、彼の感情とわたくしの感情を冷静に深く見つめることに努めたのです。彼との恋愛の経験を通して、人との関わり方が変わってきたように思います。おそらくだけど、本当に心底傷つけた自覚があったから。

それまでのわたくしは、自分の感情だけで動いていたのですが、お相手の気持ちも考え

るようになったということでしょうか。たとえば、「この言葉をお相手にお伝えしたら、その方を信じていないことになる」とか、「わたくしがこの行動を取ったら、お相手に心配をおかけするのではないか」みたいなことを考えるようになったのです。以前のわたくしからしたら、ビックリするような考えです。

わたくしの言動で相手を困らせたり、心配させたり、傷つけたりすることがあるのだ、ということを知り、わたくしの言動が相手をどういう気持ちにするのかを考えるようになり、**お互いのバランスをとても意識するようになりました。**

わたくしはこうして、恋愛でもたくさんの失敗をしてまいりました。そうしてようやく、他の方々のお気持ちというのを考えるようになれたのでございます。

失敗ができたこと、とてもよかったと思っております。おかげでわたくし、とても変われたのですから。

お相手の気持ちを大切に考えられるようになると、今度はわたくし自身のことも大切にできるようになれたというのは、なんだか不思議なことですね。それも、でもまだ、勉強中ね。

3 あなたの人生の中で、その人は「立ち止まるべき相手」ですか？

わたくしが今の彼氏・しゅきぴと出会ったのは、わたくしがショーのお仕事を始めた頃でございました。

彼は当時、わたくしが住むところから500キロも西の街に住んでおりました。でも絶対この人しかいないと思ったわたくしは、彼をわたくしの家にお呼びして、晴れて一緒に暮らし始めたのでございます。

彼との出会いのきっかけについては後でお話しすることにいたしまして、わたくしたちはそれぞれにコンプレックスや悩みを抱えながらも、お互いを大切にできるバランスを模索して今日《こんにち》の関係を築いてまいりました。

お付き合いを始めて1、2年は、自分の気持ちを優先することもあれば、相手の気持ちを優先することもあり、シーソーのようなことを繰り返しながら、話し合いを重ねてきたのでございます。

それまでにお付き合いをしてきた方々とはそれほど話し合いなんてしたことがなかったのですが、しゅきぴとはしっかりと話し合いをするようにしております。なぜかと言われれば、答えは単純。

「好きだから、もう別れたくない」

これに尽きます。

これは言い換えますと、「立ち止まる人に出会えた」ということではないかと思っております。ありがたいこと、運が良いことです。

いろいろな方から恋愛のお悩みをお伺いしていても、思うの。

その人のことを「立ち止まる相手」だと考えているかどうかで、違ってくるものなのだなあと。

たとえば、ケンカをしてしまって相手のことをなかなか許せないとします。そういう時は、

「もしかしたら『立ち止まる相手』はこの人ではなく、この先にいるのかもしれない」

一度そう考えてみてはいかがでしょう。

ちょっとドライな言い方をお許しいただきますと、目の前の人は立ち止まる努力をするに値する存在なのかどうか。

「立ち止まる相手」なのだとしたら、話し合いを重ねて理解を深めていくしかありません。

もしそうでないならば、そうですね、人生は有限です。先にお進みになるのがよいのでは……というお話になります。

複雑なのは、最初は「立ち止まる相手」と思っていたのに、いつの間にかそうではなくなってしまうというパターンのほうが多いことです。そういう場合はなかなか判断が難しいですが、わたくしは「今、この時の感情」を優先すれば良いと考えます。

その相手と過ごした時間、重ねてきた思い出はいったん脇に置いて、今どう思うのか。今どうしたいのか。

だって人間、変わっていくのは仕方のないことですから。

わたくしとしゅきぴは、二人とも、もともとすごくやんちゃでございましたけれども、お互いが「立ち止まる相手」と出会えたことによって、他の人になびくことがなくなりました。それまでのわたくしであればなびいてしまっていたであろうイケメンが現れても、もうピクリともいたしません。

わたくしは、出会い続けて、たくさんの失敗もして、ようやく立ち止まる相手に巡り会うことができたのでございます。

だから、まだそういう方に出会えていないという方は、出会い続けていくしかないかと存じます。

たくさん下手《へた》こきましょう。

4 「顔が好き」って、人を好きになるとても正当な理由よ

わたくしはとても多くの方からカワイイと言っていただくのですが、ここではお顔のお話をしたいと思います。

わたくし、今の彼氏しゅきぴとはスマホのアプリでマッチングさせていただきました。

「うわ、顔、めっちゃ好きやわあ」

彼の写真を見た時に、とにかく顔が好きすぎると思ったのです。

ただ彼は当時、遠い西の街におりました。

「なんだい、遠いじゃないか」

そう思って諦《あきら》めて、マッチング後はそのまま放置していたんです。

ところが、でございます。彼から、ある日突然、連絡が。

「遠いけど、たまにそっちに行くのでメールのやりとりしませんか？」

わたくし、しゅきぴの顔がとにかく好きでしたから、お断りする理由なんてあるはずもない。

「やった！」

そう思った時にはすでにやりとりを始めていて、そこからすぐにFaceTimeで連絡を取り合うようになりました。

画面の中の彼を見て、こう思っていたんです。

「顔かっこいい！　それに動いてる！」

つまりは浮かれておりました。

それからもFaceTimeでの連絡が1ヶ月以上続きました。そうするとだんだん「このまま何もしないでいるうちに、彼が他の人と付き合い始めちゃったりしたらどうしよう」なんて心配までするようになってきて。

だからわたくし、遠い西の街に出かけていって、初対面ですぐに告白いたしました。

「今から言うこと、絶対に断らないでね」

なんて無茶苦茶な前置きをして、

「付き合ってください」

そう言ったんです。

そうしたら彼はなんと、「いいよ」と。

彼の「いいよ」は軽い感じだったんですけれども、その時点で、わたくしとしてはもう「誰にも渡したくない」という勢いでございました。

いざお付き合いできることになりましたが、わたくしと彼氏は500キロ以上も離れて暮らしておりましたので、お互いが何をしているか見えない部分が大きくて、どうしても不安になったんです。

そこでどうしたかと申し上げますと、お互いが家にいる時間はずっとFaceTimeを繋《つな》ぎっぱなしにしていたんです。これ、寝ている間もずっとです。

寝るタイミングが同じだったらお互いに繋ぎっぱなしで眠って、生活のサイクルがズレている時には、寝るほうは寝たまま繋ぎっぱなしにして。一緒になれる日が来るまでFaceTimeでしゃべり続けておりました。ええ、コワイですね。わたくしもそう思います。

そしてある日、わたくしから、お伝えしました。

「一緒に暮らそう」

美人は3日で飽きるなんて言葉がありますけれど、わたくしは今も、彼の顔をまったく見飽きることがございません。

いまだに寝顔を見て、「わわわ、顔、めっちゃ好き」と感動しております。拍手しちゃうレベル。

ちなみに彼に「わたくしのどこが好き?」と尋ねますと、「絶対に勝てるところ」とのこと。普段のお仕事で勝ち負けの世界に生きている彼にとって、パートナーが「絶対に勝てる人」というのは、ストレスが少ないのでしょうね。お仕事では、相手が何を考えているか計算しなくてはいけないですけれど、わたくしは計算が必要ないくらい簡単な生命体でもありますし。


わたくし、顔が好きかどうかというのはとっても大切なことなんじゃないかと思うんです。たとえば、ご自分のお鼻が丸いのがコンプレックスな人がいたら、そのお鼻をご自分で認めているかどうかで、顔付きって全然変わって見えますよね。前向きって言ったらいいのかしら。**コンプレックスの部分も好きに思えたら、その人の表情はがらっと変わるもの。**

お顔のシワを気にする方も多いけれど、「それは、幸せに笑って生きてきた証《あかし》よ」って考えてみる。それだけでも、その気持ちが表情に出てきて、魅力的になるものです。逆に、気にしすぎて囚《とら》われていたら、その人の魅力が半減しちゃう。

顔は内面を表している。

顔は顔以上にモノを言う。

だからこそ「顔が好き」っていうのは、人を好きになるとっても正当な理由だ、とわたくしは思います。

「面食い」っていうと、浅いとか軽いとか不誠実みたいに言われがちだけど、そんなことなくて、実は**その人自身を素直に見てるってことじゃないかしら。**

それに、絵に描いたみたいな美形じゃなく、人それぞれ好きな顔っていうのもあるでしょ。あなたがコンプレックスに思っている部分が、誰かにとって最高にかわいく思える部分だったなんてこと、結構あるものです。

いわゆる美形じゃなければ愛してもらえないと思い込んでる人もいますが、それって相手のことをナメてるとも言えるんじゃないかしら。

でも、CHAPTER 1でも書いたように、整形とか、わたくしは賛成派。コンプレックスがそれで解消されて、自分を好きになれるなら、とてもいいことじゃない。**相手を好きになるってことは、自分を好きになるってこととセットだからね。**

話が少しずれちゃいましたが、わたくしの場合は、彼がいなかったらYouTubeだって始めていなかったし、こういう本を出させていただくこともなかった。これ全部、わたくしが彼の顔を「めっちゃ好き」というところから始まったことでございます。

しゅきぴの顔、大好きでよかった。

5 嫉妬は なんにも生まない

わたくし、自分の嫉妬心から来る束縛欲とでもいうのでしょうか、そういう感情との付き合い方にはすごく苦労いたしました。

今は彼氏との信頼関係もあり、バランスを意識し始めたこともあって、落ち着いた気持ちで日々の生活を送っておりますけれども、すでにお伝えした通り、嫉妬心に狂ったことも、束縛欲に囚われたことも多々ございましたもので。

とにかく自分だけを見てほしいし、大切にされたい。わたくしのことを最優先にしてくれないと嫌。それくらい強い愛情を恋人に求めがちで。

かつては恋人の帰りが遅くなると、すぐ電話をかけて問い詰めていたんです。

「どこで何をしてるの？」

今、振り返ると、この時期というのは、自分の浮気癖が抜けなかった時期なんですよね。わたくし自身が結構、他の男性に目移りしがちな時で。だからこそ、恋人も実は同じような気持ちなんじゃないのと疑ってしまっていたのです。

さらに厄介だったのが、「浮気をしているんじゃないか」と心配している自分の気持ちを相手にも分かってもらおうとして、わざと相手を不安にさせるようなことをしてしまったこと。アレは本当に悲しくて意味のないことだったと反省しています。

これは人から聞いたお話ですが、カップルの片方が嫉妬するタイプで、もう片方がそうじゃないタイプであったとしても、一緒に過ごしているうちに二人とも束縛し合うようになってしまうことがあるそうです。束縛していなかったほうが束縛をするようになって、関係が逆転してしまうということもあるとか。

誰と一緒にいるかによって、人間性が変質する部分というのはあるのだと思います。

もちろん、一切束縛しないカップルもいると思いますし、「外で浮気をするのはいいよ」という放牧カップルもいらっしゃるから、関係性はいろいろなのでしょうが、とにかく一番不幸なのは、好きだからといって束縛をして、それによってお互いを不安にさせるような行動を取って、傷つけ合うような関係。

その関係が良い方向に発展するはずはない。そこからは何も生まれません。**相手を信頼して、バランスを取って、自分自身はどうかなと考えてみる。嫉妬をするよりも、そのほうがよっぽどいろいろなものが生まれてくる**ような気がしております。

だからこそ、当たり前かもしれませんが、

「誰といるか」

というのはとっても重要です。

そんなわたくしの今はどうなのかと言いますと、彼氏から連絡が全然なかったりすれば、「連絡がなくて心配なんですけれども」とメッセージは送ります。

ですけど、嫉妬心にまみれていた頃とは根本的に違うのです。

「この人が浮気していたらどうしよう」という気持ちではなく、「本当に心配で」ということ。事故にあったりしてないか。具合が悪くなったりしていないかとただただ心配なだけです。

大切な人がいる以上、心配は尽きることはありませんが、**嫉妬心を手放せたわたくしは、まるで重い荷物を一つ下ろすことができたような気持ち**で日々を過ごすことができております。

まあでも、しゅきぴを狙う不届者が現れたら、**一撃で仕留めたいかな。**

6 「一緒になるまでが大変だったから すごく幸せになれる」 なんて思わないこと

誰かとお付き合いをするために、それまで長く一緒に過ごしてきた方と大変な思いをしてお別れしなくてはいけないということもございます。一緒になるまでに、周囲にいろいろなご迷惑をおかけすることもあります。

でも、苦労してようやく一緒になった方とも、必ずしも上手《うま》くいくわけではありません。

それが、恋愛の難しさですよね。

いざ新しい方と一緒になってみたら、思い描いていたような関係にはならなかったということがございます。

そうした時はどうしたらいいのでしょうか。

わたくしは、**過去の出来事も、その方とお付き合いするまでの経緯も、丸ごとなかったと仮定してみます。そして、「今の自分はどうしたいんだろう」と考えるのです。**

この考え方、わたくしにとってはとっても重要です。

あんなに人に迷惑をかけて別の人を選んだのだから、幸せにならなくちゃいけない。大変なことをクリアしてやっと付き合えるようになったのだから、別れるなんてできない。そう思ってしまうのは理解はできますけれど、果たして本当にそうでしょうか?

わたくし、それはかなり苦しい考え方ではないかと思ってしまいます。

一緒になるまでの時間と、今の恋愛の幸福度は必ずしも比例しない。すなわち「長い時間をかけてきたから幸せになれるはず」と考えるのは間違っている。

そう考えるほうが自然ではございませんか。だって**その方との恋愛は、人生で初めてのこと。想定外のことが起こるに決まっています。**

さらには、人に迷惑をかけた身勝手な自分を責めて、だからこそもう二度と身勝手になるわけにはいかないとお考えになる方もいるようです。それもわたくしには無理のある苦しいお考えだと感じられます。

だって人間ってみんな身勝手ですよね。わたくしだって、すごく身勝手な人間です。

たとえ人に責められることがあったとしても、そんなことは究極的にはどうでも良い。

どこまでいっても自分の人生は自分のもののはずです。

だからこそ過去の経緯は忘れて、「今の自分はどうしたいんだろう」、そう心に問い、浮かんできた答えに身をまかせたほうが、幸せに近づくのではないかとわたくしは思うのです。

7 伝え方を変えるだけで受け取る側の気持ちはぜんぜん違う

「なんで、こういうことしたの？」

20代後半でお別れいたしました彼氏は、そういう冷静な怒り方ができる方でした。

わたくしはというと、お伝えしてきました通り、激情型の生き方をしてまいりましたので、アレが苦手だったんだよね。アンガーコントロールっていうのかしら。

幼い頃からわたくしの周囲には、怒った理由なんて説明せずにガーッと伝える人しかいなかったものですから、怒っている理由をきちんと説明してくれる彼の怒り方に触れまして、大変驚きました。

初めて彼のような人に出会い、怒っている理由を説明された時に、わたくし、とっても

伝え方を変えるだけで、受け取る側の気持ちがこんなにも違ってくるということが分かったのです。

納得がいく心地がいたしました。

「わたくしもそういう人間になりたい」

そのように思いました。今、わたくしは、そこから変わることができたように感じております。

わたくしにとって、その頃の自分がまったくの別人と思えるほどに、第三者のような感覚を持つことすらあるくらいです。

その彼とお別れして今の彼氏・しゅきぴと出会うわけですけれども、付き合いたての頃のしゅきぴは、結構な問題を抱えているタイプでございました。

普段は非常に温厚で、誰が見ても好青年。ところが、お酒を飲むと人格が変わってしまう。それはもう180度と言っていいほどに。まったく知らない人に暴言を吐いたりするようなこともたびたびございました。

わたくしがとあるバーで働いていた時のことでございました。そこに彼が、付き合ってから初めて来てくれました。それがお酒を飲んでいる彼の姿を見る初めての機会です。

しばらく飲んだ後に、他のお客さんが「カラオケ、何を歌おうかな〜」と悩んでいたら、いきなり彼が「はよ、決めろや！」と。その表情といったら目は鋭くて怖くて、わたくしビックリしてしまって。「え？　え？」とうろたえることしかできませんでした。

お客さんが歌い出したら、今度はこう言ったんです。

「貴様の歌、誰が聴いとんじゃー！」

その場はお店のママがなんとか収めてくれたのでトラブルにはなりませんでしたが、わたくしはずっと、何が起こったのか分からず混乱しておりました。

その夜、わたくしは彼と一緒に帰りました。

彼は自分がお酒を飲んで人格が変わってしまっていることを分かっていて、それを自己嫌悪して自暴自棄になっていました。

「どうせ君も僕のこの姿を見て、僕を捨てるんだ。この姿を見たから絶対に嫌になってるはずだ」

そう言う彼をわたくしは必死になだめました。

その日以降も、酔っ払って連絡が取れなくなったり、電車を乗り過ごしてすごく遠くからタクシーで帰ってきたりということが3回くらいございました。

それまでのわたくしであれば、彼が言うように諦めていたのかもしれません。ですけれども、わたくしは彼のことを「立ち止まるべき方」だと思っておりましたし、わたくしが変わることができたように、彼も変わることができると思いました。

それにもう、好きだと思ったまま人と別れるのは嫌だったのでございます。

「昨日の夜のこと覚えてる？」

わたくしは彼がお酒で失敗をするたびに、きちんと話し合うことにいたしました。

彼は彼で、わたくしと一緒に暮らすために遠い街から引っ越してきて、知り合いも家族もいない状態でストレスが溜まっていたのだと思います。そのストレスを抱えたままでお酒を飲むから、それが表に出てしまう。そんな話をしっかりと聞くようにしました。

「お酒が好きなのは仕方ない。飲み方を考えてくれればそれでいいから」

言えたのはそれくらいです。でも、**「それっぽっち」と思うようなことでも、伝えるのと伝えないのとでは全然違う**ように思っております。

それまでのわたくしだったら、感情にまかせてケンカしたり、もう諦めてお別れしたりしていたわけですから。

彼は今では、飲み会があったとしても2、3杯でやめて、酔っ払って帰ってくるということはなくなりました。間にソフトドリンクを挟んで飲んだりしているようです。

人間なので欠点があるのは仕方ないこと。そしてそれを変えるのはなかなか難しい。

わたくし自身が欠点だらけで苦労してまいりましたので、それはよくよく存じ上げております。

でも**一緒にいる人が感情的にならずに、諦めずに声をかけ続けていけば、変わってくれることもある。**

そうやってお互いに成長し合うことが、二人が一緒にいる喜びの一つだなんて言ったら、ちょっと偉そうでしょうか。

8 「静かな幸せ」ってあるよね。好きな人とヨボヨボになっても散歩できたら幸せ

わたくしがしゅきぴとお付き合いを始める時、「顔が好き」だからお付き合いしたいと思ったのは紛《まぎ》れもない真実なのでございますが、そこからもっと先のことも考えました。次第に、身体の関係もなくなって、彼もヨボヨボになるでしょう。そうなった時にも一緒にいたいと思ったことも大きな理由でございました。

これって結構、重要な気がするんです。

お互いにシワシワのヨボヨボになった時に、その人が隣にいるのが最高か、それとも最高じゃないか。

わたくしは、彼氏と二人、ヨボヨボになって、一緒に散歩したり、一緒にご飯を食べた

り、ただ生活をしているという環境にいられたら、もうそれで大満足でございます。

常に何かに燃えていなくちゃいけないわけではなく、**何を大切にして、何を大切にしないかというのは、選択していくものですから。**わたくしは特に何かにチャレンジしようというのはございません。

YouTubeを始めてからは「チャンスは今しかないよ」とか、「もっと前に出ないと」といったアドバイスをいただくこともあるのですけれども、わたくしはそうしません。「自分の世界に閉じこもっていて、もったいない」とも言われますけれども、そういう時にはわたくし、こうお答えさせていただきます。

「マイ・ワールド、最高だから」

そうなんです、ただ穏やかに生活ができれば、結構でございますので。

もちろん、もったいないと思っていただけるのはすごく光栄なことです。ですけれども、いただいたオファーをがっついて何でも受けた結果、どれくらいのストレスがあるのかを考えてみますと、絶対に耐える自信がございませんから、お断りするようにしております。

わたくしは**自分の許容できないストレスを抱えてまで、お金持ちになりたいとは思っておりません。**生活ができないくらいお金がなかったら、考えはいたします。だって、それではヨボヨボまで到達できませんから。

ですが、衣食住が確保できているのであれば、考えません。世の中には、「自分の許容できるストレスを超えたら、その分だけ成長できる」と言う方もいらっしゃいますし、実際にそうなのかもしれませんけれど、わたくしは別に強い人間になりたいとは思わない。多くの人は信じているのかもしれないけれど、**強い人間になることが正解だなんて、偏った考え方よ。**だから、わざわざそうした環境に自分を持っていかなくてもいいなと思ってしまいます。

わたくしは今、イカダに乗って急流の川を移動しているような状況なんだと考えております。その中で「これは必要」「これはいらないから手を出さない」と選びながら進んでいる。イカダだから、なんでもかんでも載せたらすごく危険じゃない？　多すぎると沈んじゃうから。

これって人間関係も、仕事もそう。

わたくしが乗っているイカダは、彼とヨボヨボになっても散歩できれば満足というイカダ。ですから、それ以上を求めるための無理はいたしません。

わたくしは自分が体感しないと分からない生き物なので、「これ、できそう」と思って、「あかんかったやつやー」となってしまうことも多くございます。でも、**体感したら同じ失敗はしないようにしております。**

仕事も恋愛も友人関係も、同じ失敗を繰り返してきた時期がございましたけれども、今は繰り返さないことの良さを学びました。

繰り返さない、繰り返さないと、繰り返し念じながら。

9 明日、会えなくなるかもしれないから、毎朝ハグしよう

「おやすみ」と言う時も、「行ってきます」と言う時も、わたくしは絶対に彼氏に「大好きです」とお伝えするようにしております。


これは毎日、必ずでございます。コワイかもしれないけど、本当に毎日なの。

わたくしも彼も、もちろんみなさんも、最終的には死んでしまいます。そんなに長い間、人生が続くわけでもないですし、いつ終わりが来るかも分からない。

もしかしたら明日目覚めないかもしれませんし、何かの拍子に突然に終わりが訪れてしまうかもしれない。だから、意識できることはなるべく意識していたい。そのように考えて日々生活をしております。

必ず「大好きです」とお伝えするのも、そのような思いからです。「行ってきます」とお伝えしただけで、もしかしたらその後に一生会うことができないかもしれない。

わたくし、ケンカをしてもすぐに謝ってしまうたちでございます。これも、ケンカが長引いているうちにどちらかが死んでしまったら、一生後悔するのが分かっているから。

「どうしてケンカをしたまま終わっちゃったんだろう」

絶対にわたくし、そう思っちゃうはずです。

お出かけする時には必ずハグもしておりますのは、

「最後にハグをしておけばよかった」

そう思いたくはないからです。

ハグをしながら「必ず車を見て横断歩道を渡ってね」とか、「電車のホームでは気をつけてね」とお伝えしているんです。

言われるほうは毎日面倒臭く思うんじゃない？　とお思いの方もいらっしゃるかもしれませんが、彼はわたくしの言葉を受け入れてくれております。感謝ですね。

わたくしがそれをお伝えすることで、彼と少しでも長く一緒にいられる可能性が上がるかもしれないですよね。０・００１％でも変わってくれたら嬉しい。これは祈りでもあります。

毎日、毎日の積み重ね。いつ終わりが来ても後悔したくありません。

これって、彼のことを想っているのと同時に、わたくし自身を大切にしたいから続けていることでもあります。

基本的に、わたくしはわたくし、他人は他人と考えておりますから、他人のことには深入りしないように心がけているのですけれども、ヨボヨボになっても一緒にいたい彼に対しては、違った想いを抱いております。

わたくしはわたくしの人生、彼は彼の人生を生きているという点については、変えようのない事実ではありますけれども、もはやわたくしの人生は彼の人生に踏み込んでおりますし、彼の人生もわたくしの人生に重なっております。

ですので、**わたくしにとって自分を大切にすることが、彼を大切にすることでもございます。**言い換えれば、彼を大切にするには、自分を大切にすることが必要ということ。

これは一番大切なことですので、何度だって深く考えます。

わたくしにとって彼は、もはや家族であって、支えなのです。

これまでに大切な方々との突然の別れを、いくつも経験してきました。その経験が、わたくしにそうさせているのかもしれません。失った後に後悔するのは本当に辛いこと。

と言いますのもわたくしは昔、パパ・ギガンテと突然お別れをしなければいけないことがありました。パパ・ギガンテとは、わたくしの性の個性なんかが原因でかなり激しくケンカをしたこともありまして、10代のほとんどの時間は口すらきいていなかったんです。

それでやっと仲直りができたタイミングで、彼は突然この世を去ってしまった。仲直りをしてからわずか1週間足らずでしたので、泣き崩れてしまって、わたくしの心の中もぐちゃぐちゃになってしまいました。

ですが、せめてパパ・ギガンテの身の回りの整理は手伝おうと思って、ある時彼のパソコンを開いたんですね。パパ・ギガンテはスケベでしたから、エッチなサイトの履歴があったら人に見られる前にわたくしが消そうと思って。

それでデータの整理をしておりましたら、わたくしの性の個性についてたくさん調べてくれていたことが分かったんです。なんとかしてわたくしを理解しようとしてくれていた姿を想像すると、もうどうしようもなく、たまらなく愛おしい気持ちが込み上げてまいりました。

いろいろとケンカをしたこともございましたが、今ではわたくし、パパ・ギガンテのことが大好きですし、きちんとお別れができなかった分、まだ諦めきれてない部分もございます。

こうした突然の別れも経験してきたわたくしですので、今のパートナーである彼との毎日の積み重ねは、とてもとても意識しているんです。

「行ってきます。大好きです」

「車、気をつけてね」

そして、ハグをする。7年間ずーっと。ほぼ儀式だね。コワイですね。

10 好きな人がいればどんな部屋でもいい

わたくしここのところ、たびたびお引っ越しをしています。

今は3部屋の間取りの家に住んでおりまして、リビングと寝室、あとはゲームですとか動画の撮影ができる部屋がございます。

撮影用の部屋にはわたくしを照らすためのライトとグリーンバックがあって、予定表も貼ったりしていて。撮影中に「テェーッ」って大きな声を出してもお隣さんに響かないように、角部屋を契約したんです。

お引っ越しをする前は、今の彼氏しゅきぴと一緒に、実質四畳くらいの部屋で生活しておりました。わたくしと彼と、あとは犬と猫の4人（？）暮らしでしたので、もうぎゅうぎゅうで。寝る時は身体がいろいろなところにあたってしまいますので、夜中に何度も目が覚める日もございました。

今ではダブルベッドで、伸び伸びと寝させていただいております。身体がリラックスすると、とてもよく眠れるものなんですね。

ですがそもそもわたくし、屋根があってお布団があって、ある程度のプライバシーが守られさえすればどんな家でも良いと思っております。プライバシーと申しましても、一緒にいる彼に対してではなくて、外からの視線が気にならなければ大丈夫という感じ。わたくしは狭い場所も好きですので、広さもあまり気にしておりません。

家具にもそこまでこだわりはなくて、昔は段ボールの上で食事をしていたこともあるくらい。家具や家電、衣類なんかがどこにどう並んでいるかということにも無頓着《むとんちゃく》なんです。

でも、彼はとっても綺麗好きですので、わたくしよく怒られております。

「なんでこれをここに置いたの？」と指摘されたら「タダチニカタヅケマス」と謝って、急いでお片付けをしなければいけません。

家の中の話となりますと、みなさんそれぞれ志向がありますよね。家具や家電が足りないことが耐えられない方もいらっしゃいますし、逆に物がたくさんある生活が苦手な方もいらっしゃいますよね。ですのでそのあたりは**一緒に暮らすお相手と、お互いがしっ**

くりくるポイントとバランスを探るために、いろいろと話し合うのが大切じゃないかしらと思います。

わたくしは今の生活においては、足りていないものですとか不満なんかはまったくございません。彼と猫と一緒に暮らせればそれだけで十分ですし、それ以上の幸せもない。もちろん、あのアイテムが欲しいですとか美味《おい》しいものが食べたいといった小さな欲は、そこそこにはございます。

でも、わたくしにとって、四畳半のお部屋もとても素敵なお城でした。**そこで、誰とどういう生活をするかってこと**じゃないかしら。小さい部屋だからこそ相手への思いやりを示せるってこともあるし。好きな人と一緒なら、わたくしはお部屋に贅沢を求めません。もちろん今のお部屋に引っ越して、撮影しやすくなったというのはよかったけどね。

でももし次に引っ越すことがあったら、もうちょっとだけ高層階に住んでみたいかしら。窓のカーテンを開けっ放しにしたままシャワーから出られる生活って、なんだか憧れちゃうね。

――ちなみにブリアナちゃんは、動画では、前の部屋を「タワーマンション5階建ての3階に住んでる」と言っています――。

11 相性の良さに甘えない。いつでも「バランス」を考えて動く

食事もファッションもバランスが大事と言いますけれども、これって恋愛もそうじゃないかしら。

わたくし、恋愛で難しいと思うのが、同じような考え方をしているからといって、必ずしもその二人が上手くいくわけではないってところ。相性が良ければそれでいいってことにはなりません。

たとえ相性が良くても、お付き合いをしていく中で、お相手の嫌なところはどうしたって見えてきてしまいますよね。

それはとても当たり前のことなのだけど、そうなってしまうと、それを許せるのかとか、

直すための努力はしてもらえるのかとか、すっごく悩んでしまいます。

わたくしは今の彼と、**ずっと一緒にいたいという思いがあるので、バランスが崩れたとしても元に戻すよう、いつも意識して暮らしています。**

一つ前のところでも書いたように、彼はとっても綺麗好きでインテリアにもこだわりがあって、引っ越しの時だって、台所やトイレの位置、冷蔵庫を置くスペースとか全部チェックして、それがパズルみたいにカチンとハマらないと契約をしなかったくらい。

わたくしなんて、前に暮らしていた四畳半のお部屋は、不動産屋さんに「こんないい物件ないですよ」って言われたので、そのまま「そうですよね」って感じで決めてしまって、彼と一緒に生活するまで、そのことを疑いもしなかった。

一緒に暮らしてすぐに、

「すごく住みづらい間取りだよね」

「え？　ここって住みづらいの？」

そんなやりとりがあったくらい、わたくしたちは違います。

こんな価値観の違いを「相性が悪い」って思う方もいらっしゃるのかもしれないですけれども、わたくしからすれば、こうして**言葉にしてはっきり分かれば、そこを解決すればいいだけのこと、バランスを取ればいいだけのことだから助かる、**と思っちゃう。

部屋を素敵にするのが得意なのは彼なんだから、彼にまかせればいい。それが、わたくしたちのちょうどいいバランス。

コロナ禍で生活のリズムも大きく変わりましたし、わたくしはショーのお仕事がなくって、こうしてYouTubeを始めたこともあって、いろいろと変化しております。そんな中で、わたくしたちの時間の使い方もこれまでとは違ってくるわけですが、やっぱりそこでもお互いにバランスを取りながらやっております。

彼はもともと料理をとってもする方で、わたくしはというと、全然。でも今は、彼がフルタイムで働いて、帰宅後にわたくしの仕事のお手伝いをしてくださるので、彼が料理をできるのは、休みの日に時間がある時くらいです。

それでどうなるかと申し上げますと、最近はわたくしもちょこちょこ料理をするようになるんですよね。わたくし、昨日はお肉をこねこねしてハンバーグ作っちゃいました。これもバランス。

この「バランス」なんだけど、「自分に当てはめた時、具体的にどうしたらいいか分からない」って言われることがあるので、ここで少しお話ししておこうかしら。

ファッションでも、全体が甘いコーディネートだったらハードなアイテムを一つ入れてみたり、というのもバランス。似たトーンの色味で揃《そろ》えてみるのも、逆に差し色を入れてインパクトをつけてみるのも、バランス。食べるものだったら、お野菜とお肉と炭水化物をとって、栄養のバランスを取るのは基本。味付けは、辛いものがあれば甘い味付けのものもないと飽きてしまう。

人間関係だったら、どうなるかしら。まったく違う人間が、ずっとこの先、長いことイカダに乗って旅をすることをイメージしたらいいんじゃないかしら。どちらかが疲れたら休んで、もう一人が頑張る。片方が重くなって傾いたら、場所をずらしたり荷物を下ろしたりして軽くする。それぞれの好きなものはケンカしないようにバランスよく載せる。相手が得意なことはまかせて、自分が得意なことを探して頑張る。失敗したりサボったりしても許す。傷んでいるところが見つかったら、修理する。時々場所を入れ替えて、気分転換する。

どんなに気の合う同士だとしても、人はそれぞれ絶対に違うんだから、**補い合ったり、認め合ったり、譲り合ったり**していかなくちゃ、二人の乗ったイカダが転覆しちゃうってことなんだけどね。

精神的なバランスの話ばっかりだね。
物理的なバランスが取れるようになりたければ、
一輪車オススメよ。
それで登下校してたよ、わたくし。
良い子は決してマネしないでね。

ブリアナ物語3

愛と介護の日々

ドスンという大きな物音。

「ギャー」という叫び声。

ブリちゃんはベッドから飛び起きて、階段を駆け下りました。

ドアの開いたトイレからは、バーバ・ギガンテの身体がはみ出して見えます。近づいていくと、汚物まみれになったバーバ・ギガンテが床に倒れていました。

ブリちゃんは慌ててバーバ・ギガンテを抱き起こし、リビングまで連れていきます。まずは汚れた服を着替えさせま

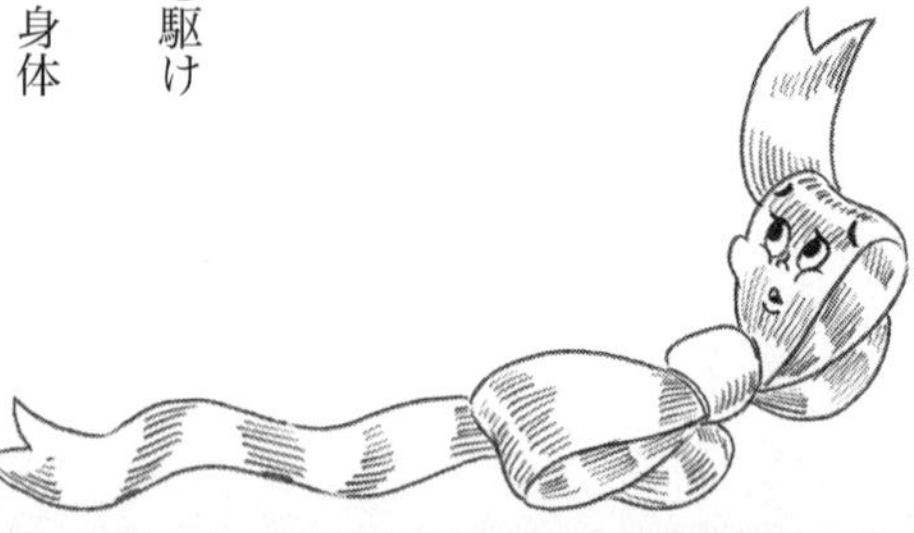

した。

「お前は誰だ！　私を犯そうとしているのか！」

バーバ・ギガンテは大声を出しながら暴れています。

「ブリちゃんだよ。安心して」

ブリちゃんは長い時間、何度もそう声をかけて、バーバ・ギガンテをなだめました。

背中をさすったり、抱きしめたりしながら、一生懸命落ち着かせました。

やっと静かになったバーバ・ギガンテを今度はベッドまで運んでいきました。そして眠るまでの間、すぐそばでずっと見守っていました。

バーバ・ギガンテの静かな寝息が聞こえてきたら立ち上がり、トイレの掃除を済ませました。

これでやっと寝られると思った時、部屋の時計は午前3時を指していました。

バーバ・ギガンテは何時まで静かにしていてくれるだろう？

ベッドの上でそう考えながら、ブリちゃんは目を閉じました。

20代中頃になったブリちゃんは、バーバ・ギガンテと一緒に暮らし、介護をしていました。やがて従姉妹《いとこ》も一緒に暮らすようになり、ブリちゃんは従姉妹と二人で介護をするようになりました。バーバ・ギガンテは足腰が弱っている上に、認知症が進んでいて、一人では生活できなくなっていたのです。

パパ・ギガンテが天国に行った数年後に、ジージ・ギガンテも同じところへ旅立っていました。バーバ・ギガンテには、子どもやブリちゃん以外の孫もいましたが、ブリちゃんは自分から介護をしたいと言い出したのです。

なぜならブリちゃんは、バーバ・ギガンテにたくさん愛されて育っていたからです。

バーバ・ギガンテがいなかったら、ブリちゃんは大人になれなかったと思っていたからです。

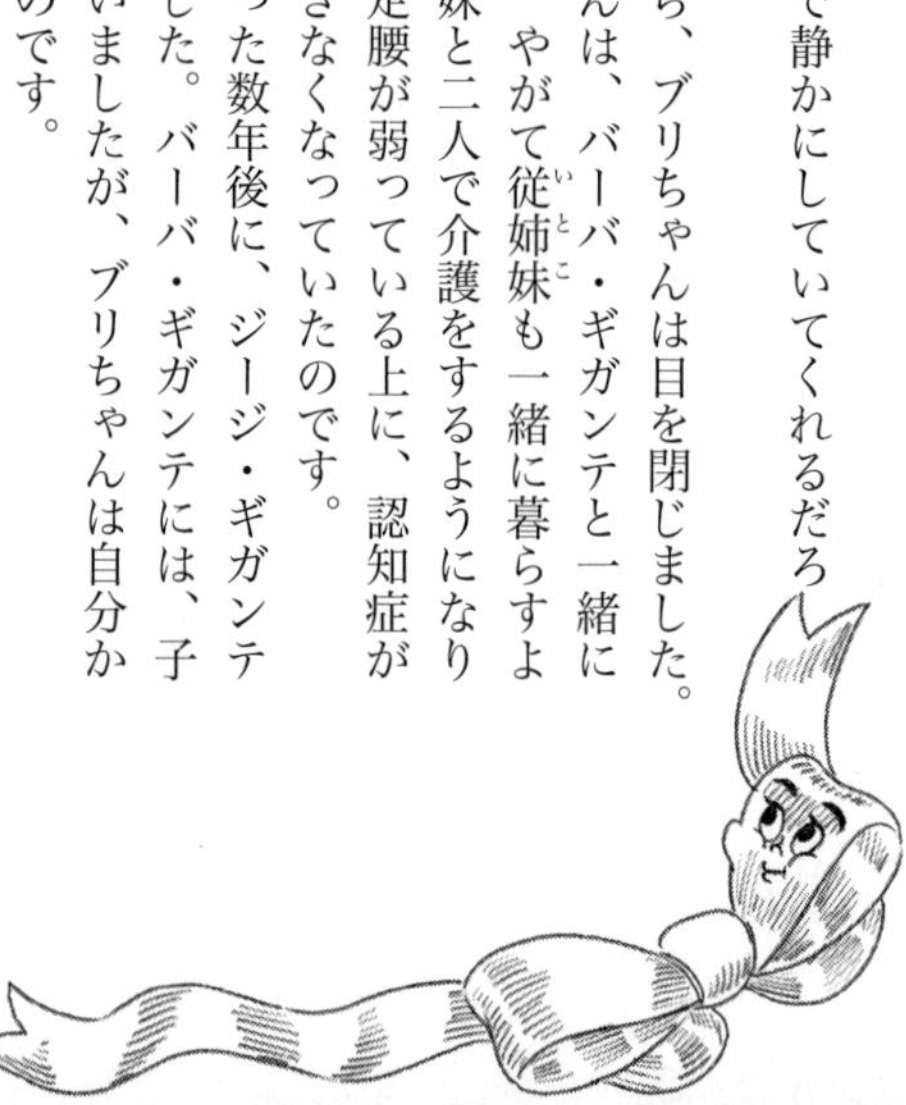

ブリちゃんが自分から望んだ介護でしたが、思っていたよりもずっと大変なことでした。時には子どものように暴れたり、叫んだりするバーバ・ギガンテの世話をし続けていると、心にも身体にも疲れがどんどん溜まっていきました。

でもバーバ・ギガンテは完全にブリちゃんのことを忘れてしまったわけではありません。

「やあ、ブリちゃんや。お前はかわいい子だねえ」

時々はそう言って、少しだけ昔話をしてくれることもありました。

オシャレやおめかしが好きだったバーバ・ギガンテは、ブリちゃんがお化粧をしてあげたり、爪をキレイにしてあげたりすると、とっても喜んでくれました。

さっきまで遠くの世界を見ているような、ぼんやりした目付き

をしていたのに、急に女の人としての気持ちを取り戻したかのように、優しくかわいらしく微笑むのでした。

ブリちゃんはそんな時、心がとっても温かくなりました。バーバ・ギガンテの孫として生まれてきてよかったという幸せに包まれました。

でも、そういう幸せな時間は少しずつ短くなっていきました。時々、ブリちゃんをブリちゃんだと分からなくなることがありました。そして、自分でご飯を食べたり、お風呂に入ったりすることも、だんだんできなくなっていきました。

ブリちゃんは、バーバ・ギガンテが生きているために必要なことのすべてを手伝うか、代わりにやってあげなければなりませんでした。

バーバ・ギガンテがいつ、どんなことをするのかは誰にも分かりません。どこで倒れて怪我をしてしまうのか、いつ隣の家にも聞こえるような大声で叫び出すか、誰にも分からないのです。

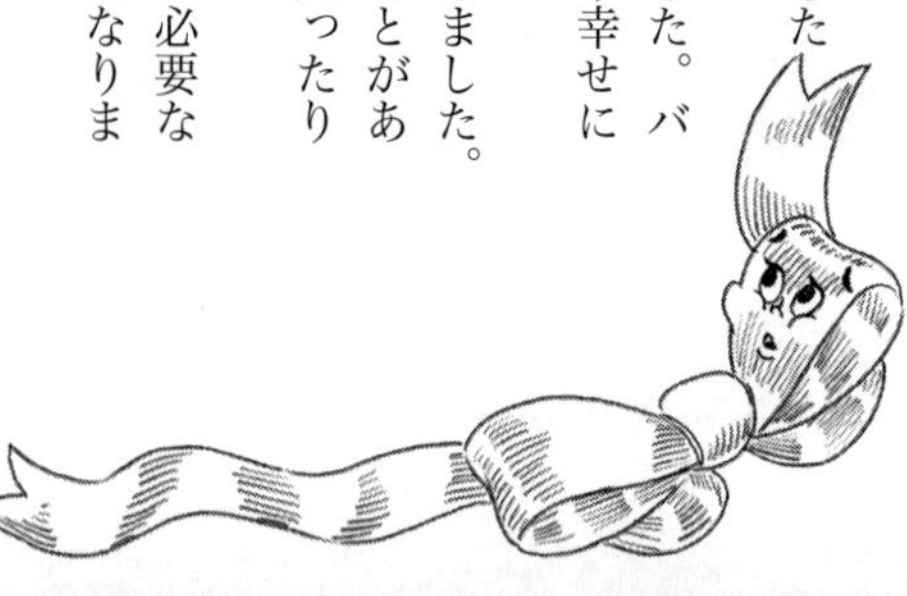

ブリちゃんはバーバ・ギガンテから目を離すことができなくなりました。

外へ出かけて買い物をすることも自由にはできず、バーバ・ギガンテが眠りについた瞬間に、走って必要なものだけを買って帰るという具合でした。もちろん夜遊びなんてもってのほかです。

ブリちゃんの心と身体はどんどん疲れていきました。次第に自分の心というものの形が分からなくなっていきました。

もう無理だ。挫《くじ》けてしまいそうなことも何度もありました。

そんな時にブリちゃんは思い出したのです。

バーバ・ギガンテの愛情をたっぷり注いでもらっていた幼い日のことを。

バーバ・ギガンテに食べさせてもらった美味しいお寿司の味。

一緒に連れていってもらったデパートの化粧品売り場のいい匂い。

ジージ・ギガンテと3人でおしゃべりして、ただ

ただ笑い合っていた楽しい時間。

そうすると不思議と、まだ頑張れる、まだ頑張りたいという思いが湧いてきました。

バーバ・ギガンテがほとんど寝たきりになるまで、介護の日々は続きました。

結局バーバ・ギガンテはブリちゃんの叔母さんの家に引き取られて、しばらくしてその命を終えました。

バーバ・ギガンテが天国に行ってしまい、ブリちゃんは悲しくて涙を流しました。

でもパパ・ギガンテが突然逝ってしまった時のような後悔はありませんでした。

決して十分ではなかったかもしれないけれど、ブリちゃんはバーバ・ギガンテから受けた愛情にお返しすることができたからです。

バーバ・ギガンテがいなくなってからのブリちゃんは、これからは自分の幸せのために生きていこうと心に決めました。

バーバ・ギガンテが、ジージ・ギガンテが、そしてパパ・ギガンテが望んでいたのは、ブリちゃんが幸せになることです。

ブリちゃんが自分の望むように生きていくことです。

ブリちゃんを無条件に愛してくれた人たちのためにも、ブリちゃんは幸せになろうと思いました。

みんながブリちゃんを愛してくれたように、ブリちゃんも自分を愛することにしました。

そんな時、ブリちゃんは出会ったのです。

自分の人生を変えてくれることになる、ポールダンスというものに。

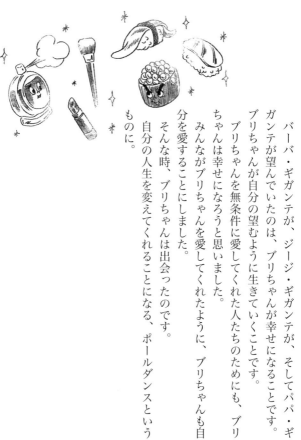

CHAPTER 3

心を軽くして、
あなた自身を守りましょう

―Briana Balance

1 安易に人の相談には乗らない。わたくしとその人は違う人

わたくし、YouTubeでいろんな企画をやらせていただいていますけど、その中でも視聴者の方からの質問にお答えしたり、みなさまのお悩みの相談に乗るような企画を、すごく面白いと言っていただくことが多いんです。

特にね、お悩み相談には、「ブリちゃんらしい答えがすごい」とかおっしゃっていただけて、それはそれで嬉しいとは思いますけど、わたくしとしてはちょっと意外だったりもするわけです。だってわたくしが思っていることをそのままお話ししているだけですから。

ただね、ご存知のようにわたくしも完璧な人間なんかじゃございませんので、お答えする時の言葉には、わたくしだったらこうしたい、こう考えたいという願望とか理想、憧れ

なんかが若干入っているんですよね。そういう意味では、わたくし、いただいた質問やお悩みをできるだけ、わたくしのことと捉えて、誠実にお答えしているとは思います。

でも普段のわたくしが友人から相談を受けたりした時に、同じようにしているかというと、そんなことはございません。

むしろあまり相談には乗らない、というスタンスでいようと思っています。

大抵ね、**相談してくるお友達は、自分の話を聞いてほしいだけ**で、わたくしの意見を本当に欲しているわけではないんです。特に恋愛の相談なんかの時はそう。周りが「別れたほうがいい」と言ったところで、別れたくない時は絶対に別れないわけですから。

お友達がそういう感じで、一方的に恋の悩みなんかをお話ししてくる時は、わたくし急に携帯をいじり出して、「え〜、まじか〜」なんて、あからさまに興味のない態度を示してしまったりもします。ちょっと意地悪だと思われるかもしれないけれど、そこはあんまり気にしない。だってそのお友達はただ話がしたい、話を聞いてほしいだけなんですもの。

それにマトモに向き合ったところで、時間の無駄ですし、正直わたくしがストレスに感じることもございますから。

でもね、たまにわたくしの目をしっかりと見て、どうしても今、わたくしの考えを聞きたいという相談も受けることはあります。

そういう時はわたくしも、ちゃんとお話を聞いて、自分の意見を申し上げます。

ただその時に気をつけているのは、**わたくしとその人は違う人間であるという大前提を決して忘れないこと。**

だから「わたくしだったらこう思う」「わたくしだったらこうする」という言い方をするようにしています。「こうしたほうがいい」「こうしなさい」という言葉は絶対に使いません。

それともう一つ。**他人に対して「絶対に」という言い方は、しない。これはもう絶対に。**

わたくしとそのお友達とは違う人ですし、置かれている環境も考え方も違うわけで、わたくしの考えがその人に「絶対に」当てはまる、「絶対に」正しいなんてことはあり得ないからです。

これはわたくしの若い頃の経験から来ていることでもあります。

かつて、わたくしの友人Aは、困ったり悩んだりすると、友人Bに気軽に意見を求めたり、相談したりしていた時期がありました。ほとんどが恋の悩みだったと記憶しております。

そんなある時、友人Bは、友人Aに「絶対に別れたほうがいい」みたいなことを言ったんです。

わたくしはその時、心に浮かんだ言葉をとっさに、そのまま、口にしてしまいました。

「絶対にって言ったけど、その発言に責任は取れるの？　絶対に正しいっていう保証はあるの？」

その場がシーンとして、気まずい空気になったことは言うまでもありません。そして後にそのお友達が「絶対に」と言っていたことが、まったく絶対でもなければ、正しくもなかったことが判明いたしました。

つまりは相談したほうも、相談されたほうも、何もいいことはなかったわけです。

困ったり、悩んだりしたら、誰かに話をしたい、意見を聞いてほしい、その気持ちはよく分かります。

だけど、わたくしは自分が賢いなんて思っておりませんし、人様の人生に責任を持てるほどのキャパシティなど持ち合わせておりません。

だから人の相談を受ける時には、ものすごく距離感というものを大切にしようと心がけております。安易に人に相談するということもございません。

YouTube の場合は、ちょっと違いますよ。わたくしの答えや切り返しを楽しんでくださっている方がいらっしゃるのを存じ上げていますので、できるだけ誠実に、でも少しシヨーのようなつもりでお答えさせていただいております。とはいえどうでしょう、根本は一緒でしょうかね。

わたくしはあなたではないので、あなたのことはよく分かりません。それでもよろしければできるだけ誠実に申し上げられることを申し上げます、そういう感じでございます。

2 自分の感情とは適度な距離があったほうがいいのかも

YouTubeをご覧になってるみなさんは、わたくしのこと、とってものんびりした生き物だと思われているんじゃないでしょうか。実際に今、お友達をはじめとする周りの人からも、怒らない人、穏やかな人、精神が安定している人って言われることが多い気がします。なんだかそれって、動物のナマケモノみたいじゃない？（まいいけど、ナマケモノって、凶暴な子も多くてよ）。

人ってそんなに変わることができないと思ってはいますが、意識したり、努力したりすれば変われることもある。いまだどうしようもない部分もたくさんあるわたくしですが、感情をコントロールするという部分に関しては、だいぶ変われた、成長できたと思っている次第です。

子どもの頃のわたくしは癇癪《かんしやく》持ちというか、ヒステリックというか、とにかく激情型タイプであったことは間違いありません。

気に入らないことがあれば、泣き喚《わめ》く。不愉快なこと、気に食わないことがあれば怒る、暴れる。そういう動物丸出しの人間でございました。子どもと言える年齢を過ぎてからも、長いことそういう感じだったと記憶しております。

他人のせいにするようですが、これにはわたくしを育ててくれた祖父母や親が、みんなそういうタイプの人たちだったということもあるのだと思います。つまり上手に感情をコントロールできている人が周りにいなかった。だからコントロールしなくちゃいけないなんて思うきっかけもなかったということです。

でもみなさんご存知のように、恋愛というものはそれでは上手《うま》くいきませんよね。

いくら好き同士だとしても、お相手とわたくしは違う人間。お相手がいつもこちらの意のままに動いてくれるなんてことは決してございません。わたくしの感情がすべて受け入れられるということもない。それが普通です。

それでも若い頃の恋愛では、わたくしはわたくしの思うままに振る舞ってさえいればなんとかなった。なんとかならなくなったらお別れする。そういうお付き合いが続いていたからです。なんかイヤーとなったら、さようなら。「好き」っていう思いも、また違う人への「好き」で上書きされていったのです。若かった。ただこれに尽《つ》きますね。

そんなわたくしが、20代も後半に差し掛かってきたある時、CHAPTER 2の2でも少しお話ししましたが、心から好きだ、ずっとこの人の側《そば》にいたいという人に出会いました。その方が外国へ行くと言えば、わたくしもすべてを放り投げて付いていった。それくらい一緒にいたかったんです。

その方は見た目もカッコよくて、頭もいい上に、ものすごく大人な考え方ができる方でした。だからこそ、モテる人でもあって、わたくしはすごく不安に思うことも多かった。他の人に取られてしまうんじゃないかと。

電話しても出ないなんてことがあると、すぐに「浮気してるんじゃないか」と思って心が乱れたりして、それをそのままその方へぶつけることもありました。時には怒ったりもしたのは書いた通りです。

そういう時、その人はとっても穏やかな口調で、「信頼されてないのはすごく悲しいことだ」「好きなら信じよう。僕も信じるから」って諭《さと》してくれたのです。

そういう言葉に触れていくうちにだんだんと、自分の気持ちが昂《たか》ぶったり、乱れたりしても、そのまま相手にぶつけるのではなく、一呼吸置いて、自分の心の中を見つめてみて、なぜそう思ってしまうのかを考えるようになっていきました。

自分の感情と適度な距離を取る方法を少しずつ学んでいったということですね。

そしてその方は、さらにわたくしという人間を成長させてくださったのです。

わたくしはその方のことが、お付き合いしている間ずっととってもとっても好きでした。ただその方はちょっと、性的なところに問題を抱えていて……つまりは〝ぶつかり稽古〟の依存症的な部分がありました。普段は理知的な方なのに、お稽古したいという欲求が起こってくると、もう我慢できない。わたくしが拒否しようとしても、力ずくです。

わたくし、だんだんとお相手するのが怖くなってきてしまいました。心ではその方が大好きなのに、身体が受け付けなくなってしまった。掴《つか》まれた場所に蕁麻《じんま》疹《しん》まで出てしまいました。

「このままではお付き合いしていけない」

わたくしはある日ついに、そう伝えました。「とっても好きだけど無理」だと。

その方は泣きながら「別れたくない」と訴えてきて、「カウンセリングに通うから」「もう一度チャンスがほしい」と手書きの封書が届きました。

その手紙に胸を打たれたわたくしは、それならばもう一度と思い、会いに行きましたが、その後、同じことが起きました。

その方のことは大好き。でも本当にもう無理、耐えられない。そしてこのままの二人でいいはずがないと思ったわたくしは、意を決してこう言い放ちました。

「あなたのこと嫌いになったから、男としても見れないし、別れましょう」

わたくしは、自分の中の好きだという感情と無理やりに距離を取って、心にはない言葉をあえて選びました。別れたほうが、わたくしにも、その方にとってもいいと思ったから、はっきりそう言ったのです。自分でお別れしたのに、むせび泣きました。人って不思議な生き物です。

その方と出会ったことで感情と距離を取ることを覚えたわたくしが、それゆえにその方と別れることになったと考えると、皮肉なことではあります。でもその時の選択が間違いではなかったと、今でもわたくしは思っています。

わたくしは今、とっても幸せですし、自分の感情をある程度コントロールできるし、他の人の感情を想像したりすることができるようになっています。

この経験に関して、反省し自らを許しておりますが、間違いなく、人生で最も他人を傷つけた出来事としてわたくしの心に深く刻まれております。ゆえに、それ以来、大切な人を大きく傷つけることは少なくなりました。その彼には、一方的に感謝を申し上げます（先日友人から、その方の最近の姿を見せられたのですが、立派なガチムチ髭《ひげ》短髪で、その界隈《かいわい》に大変需要のある姿に成長を遂げていて、スッと胸をなでおろしました）。

3 時には人を疑うことが、自分を守ることも

世の中にはいろんな方がいらっしゃいます。

残念なことに、性格がいい人、心が優しい人だけではない。いや、もともとは優しかったのに、それぞれの人生の中でひどい目にあったり、辛《つら》い思いをしたりして、人が変わってしまうということもあるんでしょうね。

ある人に対してはいい人でいられるけど、別の人には悪い人になってしまう。そんなことだってあります。

こんなことを申し上げているわたくしも、24時間天使でいられるかというと、そうではない。いろんな顔を持っているブリアナでございます。

でも、**一つ心に決めているのは、人を騙《だま》すような人にはならないということ**です。**自分の利益を優先して、他の人をおとしいれるというのはすごく卑劣なこと。**

というのも、わたくし、親戚に騙されたことがあるんです。

わたくしの祖父は会社を経営していたのですが、その祖父が亡くなって、誰が会社の跡を継ぐのかということになりました。

長男であるわたくしの父はすでに亡くなっていましたので、親戚たちの間でいざこざが起きたのです。

詳細を申し上げますとだいぶ生々しくなってしまいますので、ざっくりと割愛《かつあい》いたしますが、わたくしはその親戚の一人に騙されたんです。

「お祖父さんの会社があなた名義で借金をしている」

その人（ここではAさんと言いますね）の言い分はそういうことで、なんの知識もないわたくしは、その言葉を鵜《う》呑《の》みにしてしまいました。このままだとわたくしが借金を背負わされることになるからなんとかしよう、一緒に弁護士さんに頼んで訴えようと言われました。

会社のことについて何も知らなかった、というか世の中のことについて極端に知識が乏しかったので、わたくしはその言葉を信じてAさんと一緒に弁護士さんのところに赴《おもむ》いて、内容証明って言うのですかね、そういう書類を作り、会社を継ぐことになった親戚のBさんへ送った。

そしたらいきなりBさんが血相を変えてうちにやってきて、「どういうことだ！」と。

話を聞くと、わたくしの名義で借金していたなんていう事実はなかったんです。それどころか、会社がわたくしに借金をしていた。簡単に言うと、祖父がわたくしのためにお金を残そうとしてくれていたのです。

あら大変！　なんてことなの！

はじめにわたくしに「訴えよう」と持ちかけてきたAさんは、わたくしを味方につけて、あわよくばお金をせしめようとしていたのよね。わたくしは何も知らずにその悪事の片棒を担がされていたというわけです。

だいぶ割愛しちゃってるけど、伝わるかしら。いや、これでもかなり生々しいですかね。

つまりわたくし、まんまと騙されていたわけです。

わたくしを騙そうとしていたAさんは、全部がバレてしまい、それはそれは取り乱していました。

しまいには、「わたしにもお金が必要なんだ。このままだと破産して生きていけない」

なんて居直って、大声で喚いたりして。

Aさんは大きな持ち家に住んでいて、いつもブランド物の新しいバッグを持ち歩いていた人でした。ちゃんとした仕事についていて、収入もあるはずなのに、身の丈以上の生活を求めたんでしょうね。

親戚ですし、かわいがってもらった記憶もあったので、わたくしにも多少の情というものもなかったわけではないのですが、その人とはそれ以来、縁を切らせていただきました。

コロッと騙されてしまったわたくしにも悪いところはあったのだと思います。無知っていうのは怖いものです。

でもわたくしがこの先、会社のこととか、お金のこととかに、とっても詳しい人になることはないはず。だって分かんないんだもの。

だとするとわたくしにできることはただ一つ、**「時には人を疑う」ということを覚えるしかないということ**です。

できれば人を疑ったりはしたくない。多くの人はそう思うでしょう。わたくしだってもちろんそうです。

天国で暮らすみたいに、みんな笑顔で、仲良く手を取り合って生きていくことができたら、どんなに平和で幸せでしょうか。

でも世の中というのは、人間というのは、残念ながらそうはできていない。人は時に悪い人になってしまいます。

その時にわたくしのようにコロッと騙されないためには、人を疑うということを覚えることも大事かもしれません。

色眼鏡で見るというのとはちょっと感覚が違って、そういう人もいるんだから、自分の身は自分で守らないといけない、と意識するということですかね。

なんかおかしいなというサインを察知するセンサーみたいなものを心のどこかに取り付けておく。みなさんは、もうそういうセンサーお持ちなのかもしれませんけれど、わたくしはまったくなかったので、今は少し気をつけております。

4　既婚者はやめときな

人の相談には安易に乗らないってお話はもうしましたよね。

「絶対にそうしたほうがいい」みたいな言い方はしないとも。これ、本当に気をつけてそうしております。

だけど「好きになった人が既婚者で」とか「不倫をしてる」という話にだけは、YouTubeの質問コーナーでも言ってますけど、はっきりきっぱり、こう申し上げます。

「既婚者はやめときな」

「不倫はダメ」

これはわたくしの考えの中で、明確にあるものでございます。

「なぜブリちゃんはそんなに不倫に厳しいの？」

そんな質問をいただくこともあります。

これもやっぱり生々しくなるので、これまで詳しくは語ってきませんでしたが、自分の経験も含めて、不倫は何も生まないということを知っているからです。

パパ・ギガンテはなかなかアグレッシブな方で、そういう問題を抱えていた時期も多々ありました。親戚や知り合いにも、そういう人が何人かいましたかね。

そうしてわたくしが肌身で感じましたのは、不倫ていうのは結局、本人はもちろん、子どもや周りの人たちを巻き込んで、みんなに大変な思いを押し付けることになるものだということなのです。みんな不幸になった、とまでは言いませんけれど、その不倫のせいで、誰かが確実に不幸になったというのは確かです。

不幸になるかどうかは、一つの結論です。そこには〝誰が〟ということも関係します。当人同士に限った話であれば、必ずしもそうなるとは言い切れないんじゃないの？　そういうご意見もあるかと存じます。

でもね、「奥さんとは別れるから待っていてほしい」とか言われて待っている、その時間がわたくしには、短い人生の中で、ものすごく無駄だと思われてなりません。時間は有限。切ない思いを抱えながら誰かを待つ、相手の家庭の様子を想像しながら苦しむ、**そ**

んなことのために人生の貴重な時間を費やしてもいいものでしょうか。わたくしは、不倫にそこまでの意味なんてないと言い切りたいのです。

そして、これも厳しい意見なのでしょうが、不倫の末に相手と一緒になれたとしても、その相手は、違う人とまた同じことをする可能性が高いと思っています。そんな相手とともに、離婚さえ成立すれば平穏な暮らしを送っていけると考えるのは、結構リスクが高いことではございませんか。**相手の人間性とか考え方をガラッと変えることでもできない限り、不安や不満はいつまでも付きまといます。**

そしてやっぱり、相手に子どもがいる場合は、わたくしはすぐに子どもの立場になって考えてしまうのですよね。親が不倫の末、離婚しちゃうことは、子どもにとってショックが大きいことです。

子どもがいらっしゃる既婚者と恋愛してしまっている方には、わたくしのほうからこう問います。

「子どもの気持ちになってみたら？」

大抵、嫌な顔をされますが、まあそれでいいと思います。

お互いにただの遊びという割り切った関係とかでしたら、わたくしが何かを申し上げるまでもありません。どうぞお好きに。ご勝手に。あとバレないようにどうぞ。

だけどわたくしみたいな人間にまで相談したくなるくらい迷っているんだったら、言わせていただきます。

「既婚者はやめときな」

「不倫はダメ」

それは世の中の一つの真実だというくらい強く思っていたほうがいいと、わたくしは考えてございます。ま、完全に私怨から来てる言葉ですけど。ほほほ……。

そうだわ、もう一つ言わせて。

「ストーカーもダメ」

ストーカーは失敗ではなく、犯罪。

わたくし、こう思います。

「自分のことを大切にしていない人は、人を大切にしない」

だからわたくしは今、誰かに大切にしてほしいと求めるだけではなくて、まずは自分自身を大切にすることを意識しております。

ですので、自分のためにも、相手のためにも、不倫もストーカーも、ほんとやめようね。

ともあれ……わたくしはストーカー気質だから気をつけますね？

5 友達って少なくてもいいし、いつも会わなくてもいい

わたくし、この間ポールダンスの仲間から言われたんです。

「散歩中の柴犬みたいだね」って。

顔のことじゃありませんよ。わたくしの態度のことです。

心を許した人のところにはワーッと駆け寄ることもあるけれど、自分が興味ない人に対しては、あたかもその場にいない人のように見向きもしない。その様子が「散歩中の柴犬みたい」なのだそう。

確かにわたくしはそういう人間です。

よく知らない人、興味が持てない人には、できるだけ関わろうとしない。

3人以上のご飯の場とかも、苦手なのです。その場で飛び交う情報の多さについていけないというか、余計な感情が入り込んでくるのが耐えられないというか。一番は、楽しくないのに楽しそうにしないといけないのが、ものすごく苦痛で。

だからそういう時は上手く立ち回ることを放棄して、一切をシャットアウト。スマホを相手に、自分の世界に入り込んでしまう。たまに同席している人から注意されたりしますけど、そうしかできないので、こう言います。ごめんあそばせと。

そんなわたくしですから、友達は多くありません。

友達と会う、そのために出かけるってことも本当に稀《まれ》。コロナのこともあって、みなさんもそうかもしれませんが、わたくしはその前からずっとそんな生活です。

友達に何かを埋めてもらうという発想がないのかもしれない。暇な時間を潰すみたいな感覚もありません。友達と一緒に騒ぎたいという欲求も、今のわたくしには、見当たりません。

大切な友達は何人かはおります。親友と言える人も数人は。

その方たちのことは心から大切に思っております。

その本当に限られた何人かとも、実際に会うことは多くはございません。

SNSを見ていて、「あれ、この子ちょっと調子が悪そう」なんて気がついた時には、

「来月スイーツでも食べに行く?」って誘ったりしますけど、それもそう頻繁なことではありません。

歳を重ねれば重ねるほど、自分も友達たちも仕事のこと、家庭のことで忙しくなるから、会う回数は減っていく。これはごく自然のことですよね。自分がしたいことややるべきことをやるってだけで、それなりの時間と労力を費やさないといけないわけですから。

わたくしの少ない友達たちに共通することを考えてみると、「思いやりがある人」かもしれません。うん、そう、みんな思いやりがある人たちだわ。

思いやりの表現の仕方は人それぞれあるのでしょうが、わたくしが一番重要だと捉えている思いやりって、距離感を大事にするってことなんです。

必要以上に距離を詰めすぎない。

相手の時間を奪わない。

心配をかけない。

でもいつも心のどこかでは気にしていて、優しく見守るという気持ちは向けている。その人からちょっと良くないオーラが出ていそうだったら、タイミングを見て声をかける。

ここは一歩踏み込もうかという時は、踏み込んだりもして。

そういう感じの距離感です。

わたくしの友達は、みんなそういう距離の取り方が上手。わたくしにとって心地よい距離感なのでしょうね。

わたくしのほうも、そういう**距離感を大事にして、友達のことを思い続けていきたいのです。**

それが思いやりであり、優しさ。相手を尊重することだとわたくしは理解しております。会う頻度ははっきり言ってどうでもいいし、電話やＳＮＳで雰囲気は伝わってくるので、無理に会わなくたっていい。

ましてや友達の数なんて、そうね、わたくしの場合は、少ないからすぐ数え終わりますけれども、そもそも数えるようなものでもないかもしれません。

6 「友達の作り方」なんてないと思うわ

友達のことで考えたことをもう一つ。

わたくし、時々思うことがあるんです。

友達を作るって言葉があるけれど、友達ってそもそも作るものなの？　と。

友達って自然となるものなんじゃないかしらというのが、持論でございます。

今はYouTubeなどで、ありがたくもわたくしのことを知ってくださっているという少し変わった方がたくさんいてくださって、一度も絡《から》んだことがない方でも、自撮りの時にわたくしをお入れになったり、ご飯に誘ってくださったりします。できれば友達になりたいというムードで、わたくしの側に来てくださる方もいらっしゃる。

わたくしも大人ですから、「ありがとうございます」と言うことはできます。自撮りくらいは、まあ失礼ねと思う程度でございますが、ご飯は無理です。そして友達になれるかというと、それはもっと無理。だってそれって自然じゃないもの。

わたくしがそういうふうになったのは、最近になってからというわけではなくて、結構昔から、そうね、高校生ぐらいの頃からそんな感じはあったように思います。

距離感が大事という話は前にもいたしましたけれど、それも昔からそうで、たとえば同じクラスの人に「カラオケに行こうよ」と誘われても、普通にお断りしていたんです。

なんでわたくしが、あなたとカラオケに行かなくてはならないの？　その理由は？　と思ってしまっていたんですよね。高校生ならノリでカラオケくらい行くものなのかもしれませんが、わたくしにはそういうノリよりも、その人との距離感のほうが大事だったといいますか。だって、行ったって楽しくないことが簡単に想像できるのですもの。

新宿二丁目のお店で働いていた時、お客様に「この後飲もうよ」と誘われた時は、仕事の延長でお付き合いすることもございました。でも仕事じゃなかったら、お断り申し上げる。なぜなら一緒に飲みに行く理由がないから。

これには距離感以外の理由もあって、わたくしは多分、人よりも早くから恋愛というものに魅せられておりまして、恋愛至上主義とでも言えばいいのかな、とにかくその時、付き合っている人との時間を何よりも大事にしようとしてきたんです。時間が許すなら、一刻も早く会いたいと思ってきました。

だからご一緒する理由のない人と時間を過ごすような気持ちにはまったくなれなかった。友達よりも恋人。言ってしまえばそういうことです。

そんなわたくしだからこそ、友達の数は少ないわけですが、その少ない友達はみんな「気づいたら友達になってたわね、私たち」という人ばかり。

最近のお友達は、ポールダンスの現場でよくご一緒したりするお仕事関係の人がほとんどで、お仕事の流れでそのままご飯でもっていうことになって、そこから自然と友達に、という感じ。

ちなみにお友達のほとんどは、お仕事での先輩。後輩よりも先輩といるほうが気が楽。先輩のほうが、わたくしが大事に思っている距離感を理解してくださる方が多いということなのかもしれません。

こんな感じで、人見知りで友達も少ないわたくしですから、友達の作り方なんて、正直考えたこともございません。だから友達がいなくて困っているみたいなお悩みに関しても、特に素敵なアドバイスもできない。

ただ一つ、**わたくしという人間がいて、お友達という別の人間がいて、その場のバランスが自然で、心地いい。そういう距離感とかバランスが保てないと、お友達関係は成立しないと思うのです。**

さらに言えば、昔はバランスが取れていたけれど、お互いに年齢や経験を重ねていったら、そのバランスも変わってくるから、バランスを取るのが難しくなることも多々あるものではないかしら。だから「いつまでも友達でいる」っていうのも難しいのかもしれませんね。

バランスを取ることをすぐに諦《あきら》めるのは違うとは思いますけれど、**自分に無理をしてまで友達でい続ける必要はない。**

逆に申し上げるのであれば、そういう**無理を強いる人は友達ではない**とわたくしは思います。

何をこんなに語っているのかしら、わたくし。疲れてるのかしら。寝よ。

7 一番大切なのは、わたくしの心。ストレスがかかりそうなことはやらないと決めております

わたくしの一番苦手なもの、なんだかご存知ですか？

嫌いなものって言っちゃってもいいかもしれません。

正解は、ストレスです。

わたくし、ストレスというものが本当に無理、苦手。**自分にストレスがかかりそうなことはできるだけやらない。ストレスをかけてきそうな人には極力近づかない。**

そう心に決めております。

YouTuberとしてテレビでご紹介いただいたりしまして、チャンネル登録者数もみなさまのおかげで増えてまいりますと、ありがたいことにいろんな企業さんから、商品のＰＲ

などの企画――いわゆる企業案件のお話をいただくようになりました。このこと自体は本当にありがたいと思っております。

企業のみなさま、本当にお世話になっております。ありがとうございます。

ただ、わたくしは、いただいたすべてのお話をお受けできているかというとそうではなくて、むしろお断りしてしまっていることのほうが多い。偉そうに聞こえるかもしれませんけど、本当にそうなのです。

お受けできるかできないかの判断基準はいくつかございますが、その中で一番大きいのが、それをやることでわたくしにかかるストレスなのです。そのストレスに、わたくしが耐えられるのかどうか。

わたくしは人見知りですから、大勢の方と一緒に、という企画だとストレスがかかることが目に見えております。それに、自分が思ったことがそのまま顔に出てしまう、いや顔だけなく、口からも出てしまう。それが許されない現場では、すごくストレスがかかるのは間違いありません。

つまりはブリアナがブリアナらしくいられることが許される企画でないと、わたくしには無理なのです。

そうは言っても、すべてのお仕事というものがそうであるように、初めから終わりまでストレスゼロというものは、なかなかございませんよね。

わたくしにとっては、初めましての方と打ち合わせをするということからしてストレスを感じてしまうことなんです。でもそこはまだ耐えられることと仮定して、お仕事の全体についてイメージさせていただきます。

まず内容的に大丈夫そうだとして、打ち合わせは何回必要か。準備にかかる手間はどれくらいで、収録の時間はどれくらいなのか。そしてその後の編集はどうなるのか。

そこからわたくしにかかるストレスの大きさ、量はこれくらいかしらと考えて、見積もり金額をお出しさせていただいております。つまりは我慢料ね。

もちろん企業のみなさんに対して、ストレスがあるのでなんてことは言いませんよ。それは失礼というものです。きちんと社会に通用する理由、それぞれの工程で発生する作業量などを具体的にご提示して、ご理解いただける形のお見積もりとさせていただいております。

その金額でよろしければ、やらせていただきますが、いかがでしょうか？　ということです。

このあたりのことはわたくし、とっても苦手でして、実はマネージャーでもあるしゅきぴに頼り切っているというのが現実ではございますが。

企業様のほうから最初に金額をご提示いただくこともありまして、そういう場合も同じようにわたくしにかかるストレスを全体的にイメージしてみて、バランスが取れそうかどうかを判断させていただいております。

ここだけのお話ですが、たまに耐えられないほどのストレスがかかるだろうけれど、すごく高い金額という案件もございます。

そういう場合は正直、目が眩《くら》みます。お金に目が眩んでしまいます。

これで引っ越し代を稼ぐのよ！　と割り切れる時はお受けすることもございます。でもそんなふうに特別なモチベーションを見つけられない時には、お断り申し上げています。

なぜなら、**一番大切なのはわたくしの心。**

この心がストレスでへし折れないようにすること。

つまりはブリアナ・ギガンテがブリアナ・ギガンテらしく生きていけることが大切ということだからです。

わたくしをストレスから守れるのは、わたくししかおりませんから。

余談ですが……。この間、フランスでのお仕事をお受けしたのです。理由は、わたくしがフランスでお仕事って「ちょっと意味不明」だなぁって。そうゆうの、好きなの。

8 「自分を強くするために頑張れ」なんて言葉に興味はございません

ストレスに耐えたら大きくなれる、強くなれるなんて言葉、よく聞きますよね。

確かにそうなのでしょうけれど、わたくしは今、自分がこれ以上大きくなるとか、強くなるとかいったことにまったく興味が持てません。CHAPTER ２の８でも書きましたが、もう一度言わせてください。

別に大きくも強くもならなくていいし。

というか、**このままのわたくしで、最高ですから。**そういうふうに思っているのです。

それでも周りからはいろんなアドバイスをいただきます。

〝今がチャンスなんだからもっと前に出たほうがいい〟〝やったことのないことに挑戦したほうがいい〟〝いろんな人に会って、いろんな場所に行って、経験を積んだほうがいい〟たくさん言われました。

分かります、おっしゃりたいこと。世の中ではそういう考え方が主流だということも、もちろん。

ただ、今のわたくしはそういうことをほとんど求めていない。必要を感じられないというお話でございます。

よくね、「海外行ったほうがいいよ」って言う方もいらっしゃるじゃないですか。

わたくし、その言葉を聞くとこう思ってしまうんです。

「海外行くと、人生観変わるよ」

あなたの価値観は、海外行ったくらいで簡単に変わってしまう程度のものなのですね、と。

いやだ、ちょっと意地悪かしら。

でもね、わたくしも数ヶ月間外国で暮らした経験はございますが、実感としては「価値観なんて、なーんにも変わらないんだけど」だったのです。いろいろと学びはございましたが、価値観が変わるというほどのことではない。自分が大きくなった、強くなったという感じもいたしませんでした。あくまでわたくしの場合は、という話ですけれども。

海外へ行くことと、ストレスに耐えるということはまったく一緒ではないとは存じますが、概《おおむ》ね一緒ではないかと考えております。

つまり**「自分の外にあるもの」の影響で、自分を変えようとするのは、今のわたくしにとっては、不自然。それよりも今の自分を、今の生活をきちんと守っていきたい**のです。

正直申し上げて、守るだけでも結構大変なことなのでございます。

YouTubeを始めたことによって、この数年の間でいろんなことが急に変わりました。いろんな場所からお誘いいただいたり、いろんな仕事のオファーをいただいたり。知らない方から声をかけられたりするなんて、ちょっと前までは想像もしていないことでした。

こんなわたくしの日々は、何度か言いましたが、小さなイカダで急流を下っているようなもの。その過程でイカダの周りを流れていくいろいろなものを、「これは必要だから拾う」「これは必要ないから拾わない」と判断し続けているようなものなのです。

乗っているのは小さなイカダです。載せられるものの上限を超えてしまったら、イカダは沈んでしまいます。

それに、漕《こ》ぎ手はわたくしとしゅきぴの二人しかおりませんので、拾うことに気を取られすぎると、思わぬ障害物にぶつかってしまって、転覆なんてことも考えられます。

大事なのは無事に川を下ること。

そして余裕はないながらも、できるだけ楽しむこと。

それだけです。

仮に、川の流れがもう少し穏やかだったら、もう少し冒険することもできるのかもしれませんが、今のわたくしにはそのような余裕はございません。

そしてこの先ふと落ち着いた時に、我に返ってみたら、いつの間にか、二の腕がたくましくなっているなんてことはあるのかもしれません。ちょっとやそっとでは動じない心になっているってことも。

でも、**そうなってもいいし、ならなくてもいいんです。**

だって、わたくしやっぱり、大きくなったり、強くなったりしたいとは思わないのですから。

ここまででイカダの話、何回出てきたか分かる？　わたくしは分からない。

9 ストレスでへし折れそうな時は、罪悪感なんか捨てて、ただ逃げる！

ストレスからはできるだけ距離を取ろうとしている、逃げようとしているわたくしですが、それでも時々、事故のようにストレスを食らってしまうこともございます。

それがある許容量を超えると、機能停止に陥ってしまいます。

そんな時、「人間生きていれば誰しも、完全にストレスフリーなんてことはない」みたいな**一般論はどうでもいいのです。**そんな当たり前の言葉で、わたくしの心は慰められたりはしません。

ではわたくしがこのままじゃストレスでへし折れそう！　となってしまった時、どうするか？

逃げます。

ストレスの原因に立ち向かったり、ストレスを感じる心に向き合うなんてことはしません。わたくしにはできません。

ストレスから逃げます。

どうやって逃げるかというと、**一番有効なのは甘いものを食べること。**

ケーキ、ドーナツ、チョコレートなどなど多くは洋菓子系。和菓子も好きでたまには食べますけど、洋菓子のパンチの強さがわたくしには効くのかもしれません。

それとアイスクリーム。シャーベットではないですよ、ちゃんと乳脂肪分がしっかり入ったアイスクリーム。

ストレスの大きさに応じて何を食べるかが決まっているというほどではないのですが、これはやばいぞって時には、アイスを食べます。アイスに逃げます。

大好きなアイスを食べていると、「ああ、アイス美味《おい》しい」ってことだけに精神が囚《とら》われるんですよね。アイスに集中していれば、他のことは何も考えなくていい。

アイスを一つ食べ終えたら、ストレスが消えてなくなるとまでは言いませんが、ストレスの形？　重さ？　が変わっているというか、ストレスとは少し距離が取れている状態になって、状況をちょっとだけ冷静に見られるようになっていることが多い。

それでもまだキツイなってて時には、心を無にして壁にもたれかかってジッとしています。完全に思考を停止させて、人間であることをやめるような感じ。

または寝腐る。腐るほど寝るってことね。ベッドに入ってとにかく眠って、別の世界へ旅立ちます。起きた時には、まあ仕方ないかくらいの気分になっていることもあるものです。**もうこれ以上は寝てられないってくらいになるまでとにかく寝る、寝る。**

考えてみれば、わたくしにとってストレスになることのほとんどって、自分がどうこうできることではないんですよね。自分のことだったら、そもそも避けようとするし、ストレスになりそうなら、なんとか解決法を探して実行さえすれば、大抵は解決できる。

でも他の人のこととなるとそうはいきませんよね。

そう、たとえば友達がSNSですごい叩《たた》かれ方をしているのを見たりすると、「ああ、なんなの、こんな心ないコメントでわたくしのお友達を傷つけるなんて！」と怒りが沸き起こってきます。わざわざそのコメントを書いている人の別の投稿を見に行ったりもして、さらに怒りを募らせてしまったりするんです。でも実際にわたくしにできることは何もなかったりして、そうすると心の中にモヤモヤした感情が残ってしまう。

なんでしょうね、そういう世の中の悪意に触れることに耐性がないのかもしれません。そういうモヤモヤがストレスだと感じると、頭の中は「アイス、アイス」となるのです。

甘いものを食べすぎると太るし、肌荒れもしてしまう。それは分かっているんだけど、これはやめられません。むしろ**手近にストレス解消法を一つ持っているということはいいことなのかも**とか思っております。

あ、ポールダンスも無になれるからストレス解消になります。

ポールをやってる時、他のことを考えたりすると、ケガして死にます。はい。

10 何も起こらないことの幸せを大切に

わたくしは幼少期から思春期にかけて、そして社会に出てからもしばらくの間、毎日いろいろな事件が多発するような人生を歩んでまいりました。

そのような日々と比べますと、わたくし今ではとても穏やかな毎日を過ごしております。荒波も問題もまったくございませんので、心がとても落ち着いているんです。

わたくしは**何も起こらない日常と申しますか、何か特別な出来事がない日々というのが、とても好き。**彼と猫さえいれば、わたくしの生活に足りないものはございません。

ですが、生きていく上でどのような日常を求めるかというのは、これは本当に人によるものでございます。刺激的な恋愛がなければ生きていけない、毎日何かしらのイベントに行かなければつまらない。そういう方は、ご自身にあった生活を求められたら良いでしょうし、実際、わたくしの友達にも、毎日ハプニングがないとつまらないというような方もいらっしゃいます。

たとえば、今回のコロナの時もそうでございました。今まで毎日のように外で遊んでいた友達の中には、「最近生きている意味が分からない」と悩んでいる方もいました。

自粛生活が長く続くと、テンションの上がり下がりを生み出してくれるような出来事はほとんど起こりませんし、ハプニングも滅多にありませんよね。ですからわたくしの友達は、生きていること自体を辛いと感じてしまうほど、病んでしまっていたんです。

そこでわたくし、「どんな生活でも大丈夫。生きてさえいれば、必ずトラブルとかハプニングが起こるから」と声をかけさせていただきました。

何か特別なことをする必要はございません。**ただ生きているだけで、良いことも嫌なことも必ず起こりますからね。**

そういうわたくしも、コロナ禍で生活のリズムは大きく変わりました。これまではポールダンサーとしていろいろなイベントやショーに出演してまいりましたが、コロナでショーのお仕事が一切なくなってしまって。

一緒に暮らしている彼は在宅勤務で仕事を続けておりましたが、彼に感染させないためにも、わたくしは仕事を完全に休憩することにしたんです。だって、彼のことがとても大事ですからね。

そこで今までよりも時間ができたわたくしは、YouTubeを始めてみることにしました。もともとゲームをすることが好きでしたし、彼に「やってみたら?」と背中を押してもらって動画を撮り始めたところ、こうして今に至るわけでございます。

YouTubeと申しましても、何か特別な企画をしたり、どこか遠くまで出かけて撮影をしたりということはほとんどございません。ゲームをしたり、美味しいものを食べたり、踊ってみたり。わたくしの日常をありのままにみなさまにお届けしております。

ハプニングが起こらない日常を動画で撮影している、とも言えるかしら。予想外のことはほとんど起きないけれど、だからこそ安心して見ていられる。そんなコメントを頂戴することもございます。どうもありがとうございます。

特別なことが何も起こらない毎日だとしても、とにかく生きて、生きて、生き続ける。繰り返しにはなりますが、わたくしはこうした日常が好き。今日だって、何も起こらない幸せを噛《か》み締めながら生きておりますし、これからもその幸せを大切にしてまいりたいと思っております。

11 どうしても辛い時は、過去の自分に話しかけるの。脳内でセルフカウンセリングです

わたくしがYouTubeでみなさんからのお悩みや質問にお答えしていると、「こんなにたくさんの悩みを真剣に聞いていたら、ブリちゃん疲れちゃうよ」とお声をかけていただくことがございます。心配いただき、どうもありがとうございます。

でもわたくし、全然大丈夫なんです。むしろ、みなさんから頂戴したお悩みを「自分の悩み」として捉え直して一緒に考えるうちに、わたくし自身が救われる瞬間に出会うこともあるんです。問いや悩みを頂戴したことがきっかけで、わたくしも生まれて初めて考えてみた、なんてこともあるわけでございます。

お悩みを寄せていただいた方と同じ状況にいたとしたら、わたくしだったらどうするの

か。そんなことをじっくりと考えていると、次第にわたくしの頭の中の考えや心の中の思いも整理されていくんですよね。

この一連の流れを、わたくしは「セルフカウンセリング」と呼んでおります。

セルフカウンセリングは、過去の辛い出来事や経験を振り返る時にも、とても役に立ってくれます。

「そうだよね、あんなにひどい言い方をされて、すごく辛かったよね。でももしかしたら、わたくしの発言にも原因があったかもしれないね」

脳内ではこのようにして、過去のわたくしが抱えていた悩みや辛さに対して、今のわたくしがいろいろと問いかけたり、お話をしたりしております。自分で自分自身をカウンセリングしていると申しますか、**現在のわたくしが過去のわたくしに向かって、反省点やポイントなんかを共有している感覚**に近いのかもしれません。

きっとみなさんも、いろいろと辛い出来事や悩み事を抱えながら、今日という日を生きていらっしゃいますよね。

わたくしも今でも、ママ・ギガンテとの辛い過去をふと思い出すことがございます。小さい頃、わたくしはママ・ギガンテから叩かれたりつねられたりしていた時期がございました。ママ・ギガンテはなぜあんなことをしたのか。その真相は、わたくしは想像することしかできません。

ですが当時の出来事を振り返る時に、「ママ・ギガンテは自分の感情をコントロールするのが難しかったんだろうね。たくさんのストレスを抱えていたから、わたくしに対して厳しく接することもあったんだろうね」と、今のわたくしが昔のわたくしに向かって説明をしてみる。そうすると、ママ・ギガンテのことを許すことは難しくても、なんとか理解できるような気がしているんです。

このセルフカウンセリングのおかげで、わたくしはとても救われてまいりました。

過去のわたくしと今のわたくしを切り離して、適度な距離を取って物事を考えられるようになると、気持ちが楽になることもきっとあるのだと思います。

このような技を身につけたわたくしは、困った時や辛い時には、脳内にいるもう一人のブリちゃんを頼りにしながら日々を駆け抜けてまいりました。

脳内にいるブリちゃんは、とてもとても優しいんです。ここまで生きてきたわたくしを全力で褒《ほ》めてくれますし、たくさんの愛情を持っていつもわたくしの味方でいてくれる。

ですからみなさんも、ぜひ脳内にいるもう一人のご自身を大切にされてくださいね。この先の人生、ずっとずーっと一緒にいてくれる、心強い存在に間違いないですから。

もしかして、一度にここまで読んだ方もいるのかしら。
目ェ、シパシパしない？　ものゴツイね。

ブリアナ物語4

あなたの夢にお邪魔します

暗闇の中に照らされたスポットライト。そこにブリちゃんが現れると客席からは拍手と歓声が沸き起こります。

ポールをギュッと握りしめたブリちゃんは、音楽に合わせてジャンプ。ポールに絡みつくように、吸いつくように何度か回転した後、重力から自由になったようなポーズでピタリと止まります。

観客からは再び大きな拍手と歓声。口笛もピューッと聞こえてきます。

ブリちゃんは手足の先まで見られていることを意識

しながら、ポールと一つになってダンスをします。

時に早く。時にゆっくりと。リズムに乗って、ムードを掴んで。

宙を歩いたり、ブランコのように揺れたり、コマのように回ったり。

力強く、しなやかに。美しく、雄々しく、そしてセクシーに。大胆な衣装や、高いヒールの靴も味方にして、ブリちゃんはポールとともに踊ります。心を解放しながら、ポールと一つになって踊ります。

その時、ブリちゃんは完全に満たされているのです。

ブリちゃんはポールダンスが大好きなのです。

初めてポールダンスのレッスンを受けた時は驚きました。確かに小さな頃から運動は苦手だったのですが、目の前の先生が教えてくれるポーズや技が何一つできないのです。

ブリちゃんは悔しく思いました。

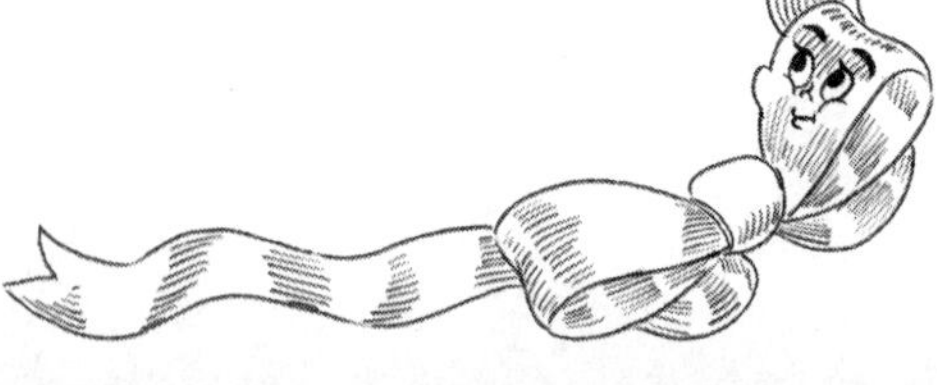

でもポールを摑んでクルリと回っただけで、心の中に風が吹くような気がしました。

回れば回るほど、自分が何か別の美しいものに近づける感じがするではありませんか。

ブリちゃんはそれから、毎日のようにレッスンに通いました。ポールを握り、ポールを使って回転し、教えられたポーズや技を繰り返し練習しました。

するとどうでしょう。

昨日までまったくできないと思っていた技が、ある時、自然とできるようになっていたのです。勉強が苦手で、いろんなお仕事も上手くできなかったブリちゃんにとって、この、できるようになるという感覚は、とっても新鮮でした。その嬉しさは、これまで生きてきた中で感じること

がなかった気持ちでした。またレッスンを重ねるほどに、ポールとの距離がどんどんなくなっていく気がしました。自分の身体がどんどん思い通りに操れるようになってきました。

これかもしれない。わたくしが探していたのはポールダンスなのかもしれない。

ブリちゃんはいつしか、そう思うようになっていました。

今まで男の人と恋をする以外に、ブリちゃんが心から夢中になれるものはありませんでした。

お酒を飲んで友達と騒いでも、美しいと言われる景色を見ても、どこか自分の奥のほうには冷たい気持ちが残っているように感じていたのです。

でもポールダンスは違いました。

踊っていると、ブリちゃんは冷たい気持ちのことなんか忘れてしまうのです。そんな気持ちを感じている自分のことさえも忘れてしまうのです。

ポールを握ると、ブリちゃんはもう踊ること以外は、何一つ

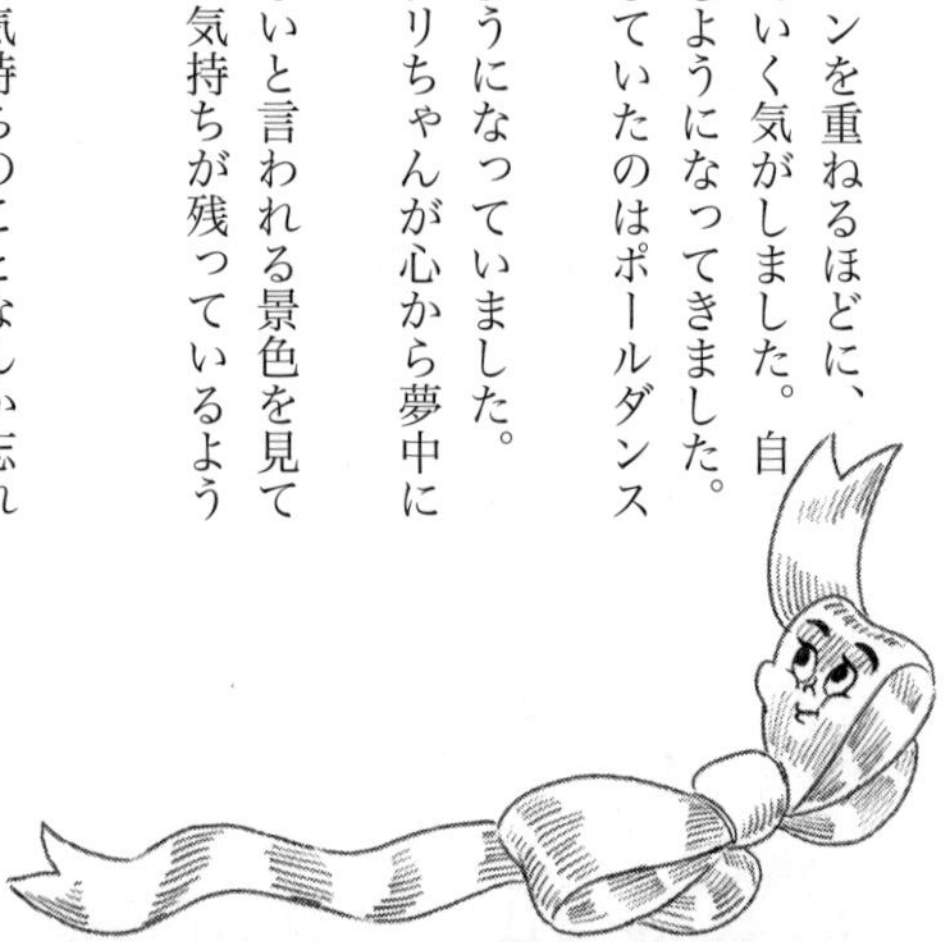

考えられなくなります。
それが夢中になるということなのだと、ブリちゃんは気がつきました。
ブリちゃんはポールを始めてわずか数ヶ月で、ショーの仕事をいただくようになりました。

ショーダンサーとしてのブリちゃんの仕事は、ポールダンスが上手になるにつれて、少しずつ増えていきました。

新しくポールダンスを始めるという人たちに教えるというお仕事も始まりました。

ブリちゃんはポールダンスの仕事を中心にして暮らしていけるようになりました。

その頃には、将来もずっと一緒にいたいと思える恋人も隣にいてくれて、ブリちゃんの毎日はとても満ち足りていました。

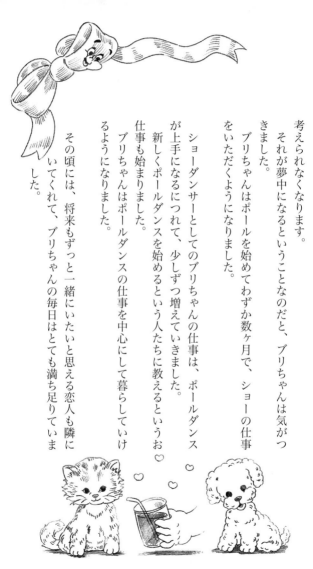

大好きなポールダンス。大好きな恋人。大好きな犬と猫。小さな家で肩を寄せ合うような暮らしでしたが、ブリちゃんは幸せでした。毎日を心穏やかに過ごしていました。

それなのに――。

何年か経った頃、悲しい出来事が起こってしまったのです。

全世界を大パニックにおとしいれた、あの新型コロナウィルスの流行です。

ブリちゃんのショーダンサーとしての仕事は、すべてなくなってしまいました。レッスンの仕事もお休みとなってしまいました。

ブリちゃんは毎日、家の中に閉じこもってじっとしているしかありませんでした。

ポールダンスができない、お客さんの前でショーができない日々は、ブリちゃんをどんどん苦しくしていきました。

しばらく忘れていた冷たい感情や、もうすっかり埋まったと思っていた心の穴のことを思い出し、暗い気分で一日中ぼんや

り過ごしていました。

ある日、そんなブリちゃんを見かねた恋人が言いました。

「YouTubeでもやってみたら?」

ブリちゃんは乗り気にはなれませんでした。

そもそもカメラの前で何をしたらいいのかが分かりません。

ブリちゃんは小さな頃から人見知りの引っ込み思案でした。

人前に出たり、人前でお話ししたりするのは得意ではありません。


そんなブリちゃんがYouTubeを始めたとして、誰かが喜んでくれるでしょうか。


「誰かのためじゃなくて、自分がやりたいことをやりたいようにやればいい」

恋人のそんな言葉に、ブリちゃんはハッとしました。

やりたいことを、やりたいようにやればいい。

無理せず、自然体で、好きなことをすればいい。

そう、自分らしく、ゆっくりと。

お話が上手な人はたくさんいるし、面白いことができる人もたくさんいる。

ブリちゃんにできるのは、カメラの前でもブリちゃんでいること。

そう思えたら、ブリちゃんはやってみたいと思えました。

そうしてさっそく、撮影の準備を始めました。

これからやろうとしていることは、ポールダンスのショーのようなもの。

人様の前に自信を持って出るためにはメイクもバッチリしなくてはなりません。

ブリちゃんはお化粧道具を持って鏡の前に立ちました。

さて、どんなメイクがいいかしら?

思いついたのは、ポールダンスの生徒さんに大好評だったメイクです。

とはいえ特別なものではなくて、自分の顔のかわいさが最大

限に引き立つようなメイク。
　つぶらな目をもっと魅力的に見せて。丸い鼻は、チャームポイントとして活かして。唇は、女らしさが際立つようにボリューミーに。
　よし、これで完成。仕上がった顔を改めてじっくり見ていて、気がついたことがありました。
　何度もしたことのあるメイクなのに、この時初めて分かったことがあったのです。

　ブリちゃんが口元にあしらったホクロは、ママ・ギガンテにあったホクロでした。
　ブリちゃんを小学生まで育ててくれた、ママ・ギガンテのホクロでした。
　そしてもう一人、思い出した人がいました。
　メイクを施したブリちゃんの顔にとてもよく似ている人がいたのです。

それはママ・ギガンテ2でした。

ブリちゃんと本当に親子になろうとしていたけれど、ブリちゃんがどうしても気持ちを受け取ることができなかった、ママ・ギガンテ2の顔に似ていたのです。

ブリちゃんは自分の顔をいろんな角度から眺めながら考えました。

「少しはマシな思い出になってるってことなのかな」

ブリちゃんは二人のことをまだ許せてはいません。でも理解できるようにはなっていたのです。

さあ、過去のことはいったん忘れて、そろそろショータイムの始まりです。

ブリちゃんはポールを摑んだ時のように落ち着いた気持ちになりました。

カメラの向こうからの視線を感じると、自然と指先にまで力がみなぎっていきます。

何をどう話すか、台本はありません。

ただ心から出てくるままに言葉を発しました。

「あなたの夢に、お邪魔します」

この瞬間にブリちゃんは、ブリアナ・ギガンテとして再誕しました。

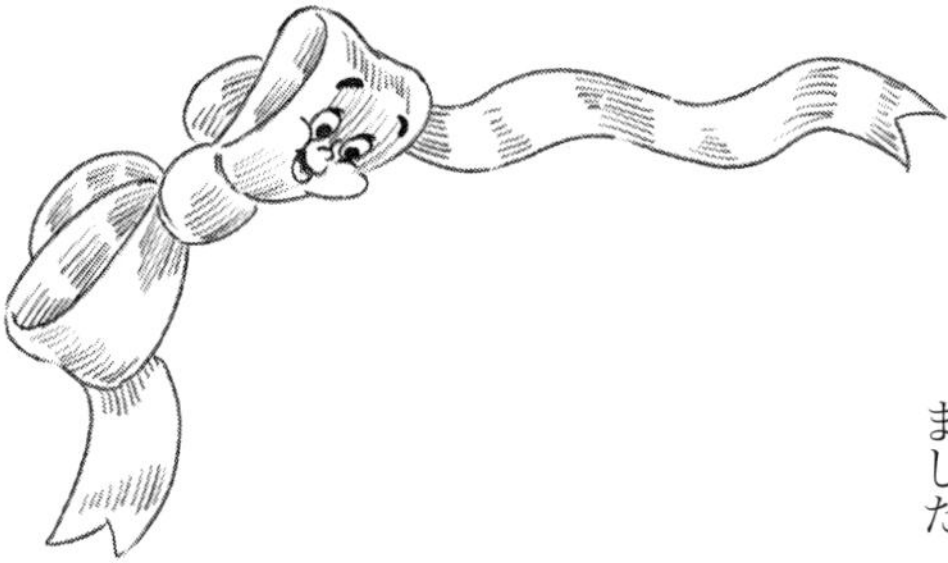

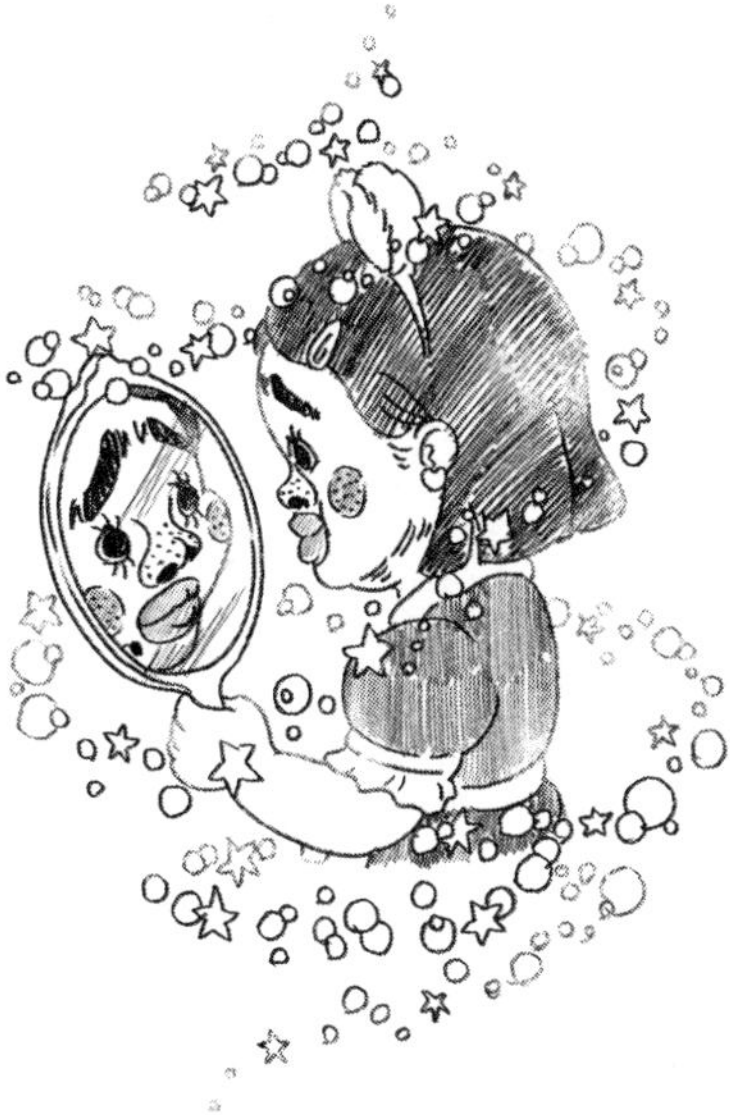

文庫版あとがき

『世界でいちばん私がカワイイ』。

文庫本をお手に取っていただきありがとうございます。え？　文庫本にもなる？　そう思いましたか？　私も思いました。

不思議な事もあるもんだ。

この本に書いてある事の大半は、いかに自身を甘やかすか、いかに上手に逃げるか、どんなふうに物事を受け流していくか、そのような生ぬるいお話で溢れていると思います。

それって現代において結構難しい事のように感じます。

こんなにゆっくりちゃんな私ですら、上手に過ごせない事も。

それでも諦めずに、緩めるとこ緩めて生きていきたい。人生を通しての目標のひとつでございます。

ご自身の張り詰めすぎている日々、
この本を読んでちょっと緩めるキッカケのひとつになれたら、私はとても嬉しいです。
それじゃ、またね。

２０２４年2月　　ブリアナ・ギガンテ

本文デザイン：名久井直子
本文イラスト：mune
構成：日野淳（口笛書店）
構成協力：土橋美沙、近江瞬（口笛書店）
特別協力：Poyōmaru.

この作品は二〇二二年二月小社より刊行されたものです。

本書にも収録された「ブリアナ物語」が、
エピソード追加＆イラスト描き下ろしで、
一冊の絵本に！

『ブリアナ・ギガンテのほんとうにあったかわからない物語（あなたしだい）』

ブリちゃんは、ちょっとぽっちゃりした体と、
人見知りでひっこみ思案な性格を理由に、
まわりからいじめられることがありました——。

いっぱい泣いて、いっぱい愛して、
いっぱい愛してもらって、
いっぱい頑張った。

謎だらけの人気YouTuberの、
ちょっぴり悲しくて、ちょっぴり妙な物語が、
あなたを笑顔にする。

ブリアナ・ギガンテ 作
mune 絵
単行本 幻冬舎刊

世界《せかい》でいちばん私《わたし》がカワイイ

ブリアナ・ギガンテ

令和6年2月10日　初版発行

発行人――石原正康
編集人――高部真人
発行所――株式会社幻冬舎
〒151-0051東京都渋谷区千駄ヶ谷4-9-7
電話　03(5411)6222(営業)
03(5411)6211(編集)
公式HP　https://www.gentosha.co.jp/
印刷・製本―中央精版印刷株式会社
装丁者――高橋雅之

幻冬舎文庫

ISBN978-4-344-43361-8　C0195　ふ-39-1

この本に関するご意見・ご感想は、下記アンケートフォームからお寄せください。
https://www.gentosha.co.jp/e/